반려견
라이프스타일
매뉴얼

펫팸족, 펫코노미, 딩펫… 이젠 반려동물의 시대다!

반려견 라이프스타일 매뉴얼

초판 1쇄 인쇄 2022년 6월 20일
초판 1쇄 발행 2022년 6월 27일

지은이 유준호

발행인 백유미 조영석
발행처 (주)라온아시아
주소 서울특별시 서초구 효령로 34길 4, 프린스효령빌딩 5F

등록 2016년 7월 5일 제 2016-000141호
전화 070-7600-8230   **팩스** 070-4754-2473

값 16,000원
ISBN 979-11-92072-61-6 (03520)

라온북은 독자 여러분의 소중한 원고를 기다리고 있습니다. (raonbook@raonasia.co.kr)

반려견 라이프스타일 매뉴얼

유준호 지음

네 발 가진 털북숭이
철학자들이 가르쳐준 것들

10년 전 반려견 근돌이를 만나면서 새로운 에너지와 함께 일상에서 소중한 일들을 경험하게 되었다. 수시로 침대에 뛰어오르는 근돌이의 관절을 위해 멀쩡한 침대를 해체해 매트리스만 깔고 자는 난민 신세가 되었고, 근돌이가 디스크 때문에 장시간 애견 숍에서 미용을 받기가 부담될까 싶어 미용기구를 사서 셀프 미용을 하는 반려견 미용사도 자청했다.

얼마 전, 사업 때문에 힘든 시간들이 찾아왔는데 그럴수록 근돌이에 대한 애정과 반려견 분야에 대한 관심은 오히려 더 커져만 갔다. 돌이켜 보니 근돌이와의 동행은 내가 반려견과 함께하지 않았다면 절대 알 수 없었던 인생의 진정한 가치들을 깨우치는 소중한 시간들이었다.

근돌이와의 삶은 나를 새로운 세계로 인도했지만 삶에서 중요하게 생각했던 것들을 일부 포기해야 했다. 근돌이의 눈을 바라보며 교감하면서 만일 내가 반려견과 같이하는 일을 한다면 훨씬 행복할 것 같다는 생각도 해보았고, 동물생태학자나 행동학자처럼 동물들의 삶에 동행하는 직업을 갖는 것에도 흥미를 가지게 되었다.

강아지를 쓰다듬고 긁고 껴안는 것은 깊은 명상만큼이나 마음을 달래주고 기도만큼 우리의 영혼에 좋을 수 있다.

― 딘 쿤츠(Dean Koontz), 미국의 소설가

인간은 사회적 동물이기에 사람들과 부대끼면서 필연적으로 상처를 입게 된다. 이때 사람들은 종교나 가족, 정신과 의사나 약물, 알코올 등으로 이런 아픔과 상처를 치유한다. 그런데 개들과 살을 맞대고 같이 있는 것 그리고 그들의 눈을 쳐다보는 것만으로도 우리는 명상과 기도를 통해 얻을 수 있는 평안과 위안을 받게 된다. 반려견들이 우리에게 특별히 바라는 것도 없으며 또 그들이 인간의 시름과 번민을 해결해보고자 노력하는 것도 아닌데 그렇게 위로를 준다는 것이 참 신기하다.

반려동물 인구 1,500만 시대, 네 집 중 한 집이 개나 고양이 등 반려동물을 키우고, 1인 가구와 반려동물 인구가 동시에 늘어나는 것은 의미하는 바가 크다. 의외로 많은 반려동물 가족들이 묵묵히 자신을 따라주며 의지하는 반려동물에게 사람을 대신해 상실감과 고독, 상처에 대해 위로를 받는다고 고백한다. 반려견은 가족의 연대감으로 상처를 달래주며 자살이나 공황장애, 우울증의 심리치료사 역할까지 해주고 있어, 웬만한 정신과 의사의 도움보다 때론 더 나은 효과를 가져다준다. 나도 근돌이를 만난 후 사업과 건강, 사람들 문제로 겪었던 아픔을 극복하는 과정에서 반려견이 주는 긍정적인 힘을 경험했다.

이 책은 반려인이 되기 위한 준비와 반려인이라면 꼭 알아야 할 양육과 동행에 필요한 기본 내용 및 펫로스의 상실감을 극복하는 지혜 등을 담았다. 그리고 펫코노미(Petconomy) 시대 라이프스타일과 펫 휴머니제이션(Pet Humanization) 문화도 심도 있게 다루고 있다. 또 반려견 라이프플래너로서의 교육과 산책, 건강 관리와 식생활 및 공감 능력을 키우는 노하우 등 반려견과 행복한 동행을 위한 나만의 해결책도 담았다.

예비 반려인들이나 새롭게 가족으로 들인 반려견과 동행하는 방법을 알고 싶어 하는 반려인들, 또 향후 반려동물과 연관된 일을 하고 싶거나 이 분야를 공부하는 학생들에게 도움이 될 수 있다. 특별히 사업이나 가정 문제, 건강이나 인간관계에서 실패와 좌절, 질병과 상실의 고통으로 힘들어하는 분들에게는 반려견이라는 존재가 우리에게 어떤 치유와 위로를 주는지 알 수 있는 소중한 기회가 되리라 믿는다.

동물은 우리 사회를 더 행복하게 만들 수 있다. 반려견과 같이 사는 방법을 알면 행복이 멀지 않음을 느낀다. 이 책이 인간과 동물의 공존이 꼭 필요한 이유에 대해 고민해보는 시작점이 되길 바란다. 만일 책을 읽은 후 마음이 따뜻해진다면 반려동물이 우리에게 주는 위로와 치유의 힘이 오롯이 전달된 것이리라.

우리는 인생에서 오직 스스로 해결해야 하는 막다른 골목에 다다를 수 있는데, 이때 강아지들은 종교나 명상과 같은 새로운 영감을 주어 문제를 해결할 수 있는 단초를 제공하는 결정적인 역할을 하기도 한다. 말없이 눈빛과 표정으로 우리와 교감하는 네 발 달린 철학자들! 그들은 오늘도 우리에게 온몸으로 삶에서 중요한 것들이 무엇인지 하나라도 더 가르쳐주려고 한다.

반려견 라이프플래너

유준호

차례

프롤로그 네 발 가진 털북숭이 철학자들이 가르쳐준 것들   4

1장
반려인이 되기 위한 준비

반려인이 된다는 의미   15
반려견 입양에 대한 모든 것   20
반려인의 현실적인 의무들   27
꼭 필요한 강아지 용품들   34
펫티켓이 필요해요!   43

2장
반려견과 행복한 동행을 위해

반려견과 20년을 행복하게 보내려면	53
반려견의 삶을 변화시키는 산책	60
반려견에게 사료만 줘도 충분할까	67
훈련보다 같이 사는 교육이 필요하다	72
반려견 사회화의 중요한 의미	78
반려견의 수명을 늘리는 행동 풍부화	83

3장
펫코노미 시대 라이프스타일

펫코노미 시대 개막	91
스마트한 반려동물 용품 문화, 펫 테크	100
새로운 패러다임, 펫 휴머니제이션	106
펫 관련 일자리의 분화	115
펫보험과 펫금융의 미래	121
생의 마지막을 반려동물과 함께할 수 있다면	127

4장
정해진 이별, 펫로스

이별을 앞둔 노견과 산다는 것　　　　　　137
펫로스 제대로 알기　　　　　　　　　　146
무지개다리 너머로 보내주기　　　　　　155
소중한 추억으로 간직하기　　　　　　　162

5장
반려견 라이프플래너의 토탈 솔루션

내 몸도 함께 건강해지는 반려견 산책　　　　　　171
산책이 부족한 반려견을 위한 행동 풍부화 활동　　176
스마트하게 펫 테크 용품 활용하기　　　　　　　182
자연식 병행의 슬기로운 반려견 식생활　　　　　190
반려견과의 공감 키우기, 동반 명상　　　　　　　198
행복한 동행을 위한 병원 생활 팁　　　　　　　　205
내 강아지와 가보고 싶은 여행지　　　　　　　　213

6장
사람과 동물이 조화롭게 살아가는 세상

생명, 자연의 소중함   221

삶에서 지금 이 순간의 의미   227

반려견과의 공감 능력이 주는 힘   232

내 개가 가르쳐준 정말 소중한 것들   237

인간과 개, 그 감동의 스토리   246

인간과 동물의 공존   254

에필로그 가슴 뛰는 일을 찾았다는 것은   264

1장

반려인이
되기 위한 준비

반려인이
된다는 의미

반려동물 인구 1,500만 시대, 애완견에서 반려견으로

친한 후배가 혼자 되신 어머님을 위해 시골집에 진돗개 새끼를 데려다놓았다. 팔순 노모는 아무도 없던 집에 새 식구가 오자 생기가 돌면서 강아지의 식사와 산책에 정성을 쏟으며 즐거워하셨다. 그런데 6개월이 지나고 강아지의 덩치가 커지자, 산책 시 강아지에게 끌려다니면서 사고 위험이 커지게 됐고 자연스레 산책이 뜸해졌다. 그 무렵부터 에너지 넘치는 어린 강아지는 짖음과 사람에 대한 공격성 등 문제 행동들이 나타나자, 후배는 나에게 조언을 구해왔다.

반려동물(Companion Animal) 인구 1,500만 시대, 우리나라도 전체 가구 네 집 중 한 집이 반려동물과 같이 살고 있다. KB경영연구소에서 발표한 〈2021 한국 반려동물보고서〉에 따르면, 반려가구의 88.9%가 반려동물을 '가족'으로 생각하며 살고 있다. 1인 가구의 폭발적인 증가와 맞물려 반려동물을 키우는 인구수도 늘어나는 것에는 어떤 의미가 있을까? 또한 마냥 귀여움의 대상이었던 '애완견 시대'를 넘어 이젠 삶의 동반자이자 가족으로 함께 살아가는 '반려견 시대'로 접어들면서 반려인은 그들에게 어떤 의무와 책임이 있을까?

반려인의 의무와 책임

반려동물을 키우는 이유는 다양하다. 혼자 되신 부모님이 외로워하실까 봐, 펫 숍(Pet Shop)을 지나다가 아이가 졸라서, 또는 형제자매가 없는 아이에게 좋을 것 같아서 등 여러 이유로 반려동물이 집에 오게 된다.

가족이라면 반려견이 생을 마칠 때까지 함께해야 한다. 그런데 한 동물단체의 통계에 따르면 강아지의 70% 이상이 유기 또는 파양되고 처음 입양한 반려인이 강아지와 끝까지 함께하는 비율은 전체의 30%도 안 된다고 한다. 이런 기사를 접하면서 우리는 어떤 마음으로 반려견을 입양하고 그들에게 어떻게 책임을 다해야 하는지 깊은 고민이 필요함을 느낀다.

얼마 전만 해도 우리는 강아지를 가까이 두고 귀여워하거나 즐기는 대상으로 말하는 '펫' 또는 '애완견'이라는 표현을 사용했다. 1983년 빈에서 열린 국제 심포지엄에서 처음으로 애완동물 대신 '반려동물'이라는 용어를 사용하기 시작했고, 이후부터 강아지는 사람들의 놀잇감인 애완견이 아니라 삶의 동반자로 사람들과 함께 살아가는 반려견으로 부르는 것이 일반화되었다.

반려란 '내 삶의 동반자로 함께 살아간다'라는 뜻이다. 따라서 반려인은 보호자로서 반려견이 건강하고 행복하게 살 수 있도록 그들의 삶을 책임지고 돌보아야 한다. 우선 반려인은 양육을 위한 최소한의 경제적인 지출을 감당하고 시간을 같이해야 한다. 즉 반려견들에게 가장 중요한 정기적인 산책과 친구들을 만나는 일, 놀이를 함께하며 이들에게 적절한 잠자리와 음식을 제공하고 두려움이나 질병에서 벗어날 수 있게 해주는 것이 기본적인 의무다.

1979년, 영국 농장동물복지위원회(The Farm Animal Welfare Council, FAWC)는 모든 동물이 생존과 안전을 위해 누려야 할 최소한의 권리로서 동물복지의 5가지 기본 원칙을 발표했다. '동물복지 5대 자유'라고 부르는 이 원칙은 곧이어 미국 수의사협회가 채택했고, 현재는 우리나라를 포함한 전 세계 동물들의 복지 표준이 되고 반려동물들의 권리장전처럼 인용되고 있다.

동물복지 5대 자유

1. 모든 동물은 배고픔과 갈증으로부터 자유로워야 한다.
2. 모든 동물은 고통과 상처 및 질병으로부터 자유로워야 한다.
3. 모든 동물은 불편함으로부터 자유로워야 한다.
4. 모든 동물은 두려움과 스트레스로부터 자유로워야 한다.
5. 모든 동물은 정상적인 행동을 표현할 자유를 가진다.

평생을 함께할 생각으로 입양하라

모든 사랑에는 반드시 책임이 따른다. 강아지를 가족으로 맞이한 반려인이라면 반려견들이 주는 위로와 사랑이 얼마나 소중하고 따뜻한지를 잘 안다. 그러나 우리의 가족인 반려견은 한없이 나약해서 인간에게 절대적으로 기댈 수밖에 없는 존재다. 따라서 반려견은 보호자들의 행동 여부에 따라 길거리에 버려져 안락사 위기에 내몰리는 유기견이나 파양견이 될 수도 있다.

통상적으로 대형견은 10세 내외, 중소형견은 15~20세 정도의 수명을 가지며 그들의 시간은 사람보다 6배 정도 빠르다. 10세가 넘어가는 노령견의 경우 사람처럼 여러 질병들이 찾아온다. 인간이 노년기에 일정 기간 투병하다가 생을 마감하듯이 반려견도 힘든 노년을 맞이한다. 또 그들은 우리보다 수명이 훨씬 짧기에 어느 날 갑자기 다가오는 이별의 슬픔과 떠난 후의 상실감을 잘 극복할 수 있는 마음의 준비가 필요하다.

반려견은 우리에게 많은 선물을 준다

현실적으로 반려인은 여러 불편을 받아들이고 시간과 비용을 감수해야 하며, 나를 희생하고 그들과 교감할 수 있어야 서로 동행하는 기쁨을 누릴 수 있다. 그럼에도 불구하고 왜 사람들은 금붕어나 새, 파충류나 고양이가 아니라 강아지를 키우려고 하는가에 대해서는 다음의 명언이 명쾌한 대답이 될 것이다.

만일 반려견을 돌볼 시간과 비용이 없거나 또 부지런하지 않다면 그들을 가족으로 맞이하는 것보다는 반려견 산책 공원이나 반려견 카페를 찾아가 그곳에 있는 강아지들과 시간을 보내는 것이 더 현명할 수 있다. 반려견이 주는 사랑과 교감을 경험하고 싶으나 현실적인 문제들을 고민한다면 유기견 보호소에 가서 안락사를 앞둔 유기견이나 파양 후 새로운 가족을 기다리는 강아지의 임시보호(임보)를 해보라고 권하고 싶다. 또는 반려견을 키우는 친구나 친지들이 여행이나 출장을 갈 때, 남겨진 강아지를 집에 데려와 일정 기간 임시 동행을 해본 후 입양을 결정하는 것도 좋다.

이처럼 반려견과 같이 동행하는 것은 결코 간단하지 않다. 그럼에도 불구하고 여러분의 인생에서 반려견과 같이하는 것은 마치 선물과도 같은 새로운 세계를 경험하게 해준다. 매일매일 흥분되며 또 아이들을 바라보며 같이 있는 것만으로 행복 호르몬인 옥시토신이 분비되어 외로움을 잘 견딜 수 있는 정서적 안정감을 가져다준다. 저녁에 집에 왔을 때도 교감할 상대가 옆에 있다는 것만으로 우리의 뇌는 긍정적이고 안정적인 신호로 바뀐다. 그들과 함께하는 삶은 현재에 충실하고 외부 세계에 더 마음을 열며 사람에게서는 얻을 수 없는 위로를 받을 수 있기 때문이다.

반려견 입양에 대한 모든 것

새로운 가족이 필요해요!

가족의 소중함은 그들이 옆에 있을 때는 잘 알지 못한다. 배우자와 사별하거나 이혼, 병으로 혼자 된 노인들과 정신적, 신체적인 이유로 가족들과 떨어져 상실감 속에서 혼자 살아가는 사람들은 가족들의 존재가 우리 삶에 얼마나 귀중한지를 잘 안다. 그러나 따뜻한 가족이 옆에 없기에 그들의 아픔을 진정으로 위로해주고 교감하며 함께 살아갈 새로운 가족들이 절실히 필요하다.

우리나라는 빠른 속도로 노령화 사회에 진입하고 있으며, 1인 가구의 증가와 낮은 출산율 등으로 전통적인 가족의 개념이 급격하게 바뀌어가고 있다. 배우자를 잃었거나 자녀들을 출가시킨 노인들과 결혼하지 않는 청년 세대들 그리고 함께할 형제자매가 없는 아이들에게 반려견은 새로운 가족이자 충실한 친구가 되어준다. 결혼 후에도 아이 대신 반려견을 자녀로 생각하며 같이 사는 펫팸(Petfam)족들에게도 반려견은 가족과 이웃을 대신해서 연대감을 가질 수 있는 믿음직한 삶의 동반자이다.

반려견을 가족으로 맞이하는 방법

반려견과 같이한다는 것은 말 못하는 생명과 눈빛으로 교감하며 우리 삶이 결코 외롭지 않다는 것을 의미한다. 그러나 반려견을 입양하는 것은 물건을 사는 것과 다르다. 중간에 변심해 반품할 수 있는 그런 존재가 아니며, 한 생명을 데려와 유기하거나 중간에 파양하지 않고 이 생명이 세상을 떠날 때까지 책임진다는 마음을 가져야 한다. 무거운 책임감이 따른다는 뜻이다. 반려견을 가족으로 맞이하는 대표적인 방법은 크게 4가지다.

지인을 통해 입양하는 방법

실제로 이런 식으로 반려견을 데려오는 것이 전체 입양 중 과반수인 48%를 차지한다. 평소 모견이나 부견의 특성과 질병, 혈통 정보, 유전적인 성향까지 알 수 있다는 측면에서 좋은 방법이다(물론 가정견이라도 돈을 주고 입양하는 것은 불법이다).

애견 센터나 동물 병원을 통해 입양하는 방법

전체 입양 중 24%를 차지한다. 이것은 반려견의 교배 및 유통을 전문적으로 담당하는 브리더(Breeder)와 상업적인 펫 숍에서 분양받는 방법의 중간 형태다. 그러나 오늘날 이 방법들의 상당수도 펫 숍을 통해 입양하는 방법과 큰 차이가 없어 구분하는 것이 큰 의미가 없다. 아직 우리에겐 일반적이지 않지만 유럽 국가들처럼 정부 허가하에 품종견들을 전문적으로 교배하고 책임 있게 반려견을 분양하는 브리더의 역할이 절실히 필요하다.

우리나라 브리더 유통은 전체의 5% 수준이다. 일부 악덕 분양 업자들은 자신들이 전문 브리더인 것처럼 속여 번식 공장에서 생산되는 강아지를 유통하는 경우도 있다. 브리더를 통해 입양할 경우 교배 및 양육 시스템이 잘 갖춰져 있는지와 허가받은 전문적인 브리더인지 여부를 꼼꼼히 확인해야 한다.

가장 문제되는 것은 강아지 번식 공장에서 생산되어 불법적인 유통 단계를 거친 후 펫 숍을 통해 일반인들에게 분양되는 경우다. 강아지들은 모견과 최소 2개월을 지낸 후 분리해야 모유수유로 면역력에 문제가 없다. 현재「동물보호법」상 생후 2개월 이상 된 강아지만 등록 후 분양하게 되어 있는데, 일부 펫 숍에서 태어난 지 2개월이 채 안 된 강아지들이 분양되고 있다. 이런 강아지들은 심각한 질병 문제와 분리불안 등 정서적 문제도 함께 올 수 있다는 것을 알아야 한다.

유기견을 입양하는 방법

실제로 버려지거나 파양되는 반려견의 숫자는 해마다 늘고 있다. 2020년에 버려진 유기견 수는 13만 마리다. 이 중에서 30%도

안 되는 반려견만 새로운 가족을 찾아 재입양되며 나머지 70%는 새로운 가족이 찾아오기를 기다리다 안락사되는 운명을 맞는다.

유기견 보호소는 이런 유기견들에게 새로운 가족들을 찾아준다. 보호소를 통한 입양은 우리 사회 유기견 문제를 해결하며 안락사를 앞둔 귀한 생명을 살리는 일이므로, 반려견을 가족으로 맞아들이는 방법 가운데 바람직하며 사랑을 실천하는 일이라고 할 수 있다. 그러나 유기견 센터에서 입양할 경우에도 반려견의 건강 및 문제 행동들을 잘 파악해보고 입양해야 나중에 파양하지 않는다. 반려인으로서 확신이 서지 않을 때는 일정 기간 동안 같이 지내보는 임보 과정이나 몇 차례 보호소에 가서 관심 있는 반려견과 충분히 시간을 보내고 확신을 가진 다음에 가족이 될 것을 권한다.

온라인상 카페를 통한 분양

나는 개인적으로 이런 입양 방식을 찬성하지 않는다. 한 생명을 가족으로 맞이하는 일을 사진이나 동영상만 보고 결정한다는 것은 비윤리적인 일이라고 생각한다. 마치 펫 숍 앞을 지나가다 본 강아지가 너무 귀여워서 집에 데려온 것과 별반 차이 없으므로 이것은 생명을 신중하게 맞아들이는 입양이 아니라 분양이란 표현이 더 어울린다. 더구나 온라인상 거래 시에 택배나 배달 인력을 통해 반려견을 전달받는 경우가 종종 있어 마음을 아프게 한다.

온라인상 거래를 꼭 해야 한다면 데려오기 전에 반드시 약속을 정해서 반려견을 직접 보고 또 번식업자들의 사기에 속지 않도록 입양계약서와 건강진단서 및 문제 발생 시 보상이나 치료 방법 등도 더 꼼꼼히 챙겨야 한다.

반려견 입양 시 이 점만은 명심하자

반려견을 가족으로 맞이하는 것은 한 생명을 끝까지 책임져야 하므로 반려인이 철저하게 준비한 후 신중히 결정해야 한다. 혼자 사는 게 아니라면 입양 전 가족 구성원들의 전체 동의가 반드시 필요하다. 가장 중요한 것은 입양 전 강아지에 대한 기본 지식을 충분히 갖추어야 한다는 것이다.

우선 강아지는 품종에 따라 고유의 성격이나 생활 패턴, 크기 등이 다르다. 그렇기에 보호자의 성격이나 양육 환경에 맞는 품종을 선택하는 것이 좋다. 반려인 성격이 내향적이고 차분해 실내에서 지내는 것에 적합한 견종을 택할지, 외향적이고 활력이 넘치는 유형의 반려견을 데려오고 싶은지 등에 따라 적합한 품종을 선택해야 한다. 평소 시간이 많아 산책이 충분히 가능한지 혹은 일주일에 2~3회 정도의 산책밖에 못 하는지, 집의 구조(실내외) 및 크기 등 보호자의 상황에 따라 알맞은 견종을 생각해야 한다.

반려견의 나이와 상황에 따라서도 다르다. 갓 태어난 새끼를 입양해 평생을 같이 보낼 것인지, 지인이 키우던 반려견을 데려올 것인지, 동물보호소에서 재입양을 기다리는 유기견이나 파양견 등 나이가 좀 있는 반려견을 가족으로 맞이할지에 따라 고려해야 할 사항이 다르다. 그에 따라 교육 및 새로운 환경에서 적응 기간과 문제 행동들에 대한 대처 및 건강 문제 등 양육 조건들이 각각 다르기 때문이다.

입양 방법은 예비 반려인이 현재 처한 상황과 반려견에 대한 인식에 따라 다를 수 있다. 그러나 어떤 방법으로 입양하든 강아지들이 어떠한 환경에서 태어나서 지금까지 자라왔는지 확인해야 한다. 이전에 키워왔던 반려인이 올바른 반려동물 문화를 가지고 있는지에 따라, 반려견의 영양 상태, 사회화, 기본적인 교육 등으로 인한 신체적, 정서적인 상황이 달라지기 때문이다. 이때 반려견이 어떤 성향을 지녔는지, 문제 행동들이나 질병에 대한 이력 등은 꼭 점검해보기를 권한다.

입양 전 반드시 일정한 시간을 반려견과 같이 지내보는 것이 좋다. 만일 나이가 있는 반려견을 입양한다면 같이 산책과 놀이도 해보고 차에도 태워서 이상행동을 하진 않는지, 다른 사람들과 강아지들을 만났을 때 내가 감당할 수 있는지를 확인해본다. 또 어린 강아지를 입양한다면, 태어나고 자란 환경을 먼저 보는 것이 절대적으로 필요하고 예방접종 여부도 확인해야 한다.

올바른 반려인이라면 적어도 사회문제가 되는 번식 공장을 통해 유통되는 강아지를 데려오지는 말아야 한다. 유기견이나 파양견으로 새로운 가족을 애타게 기다리는 강아지들을 데려오거나 친구와 지인을 통한 입양, 검증된 전문 브리더를 통해 처음부터 원하는 품종의 강아지를 입양하는 것이 초보 반려인들이 선택할 수 있는 적합한 방법이다.

반려견 입양은 사랑으로 맞이하고 책임지는 것

오늘날 혈연을 중심으로 한 전통적인 가족제도는 붕괴하고 있다. 현대인들은 겉으론 물질적인 풍요 속에 살고 있지만 그들의 내면엔 상실감을 안고 외롭게 살아간다. 반려견들은 이런 현대인들의 외로움을 달래주고 상처를 치유해주며 그동안 가족들이 해주었던 많은 것들을 대신해서 우리 인간들의 동반자로 살아가고 있다.

한 생명을 책임지는 일인 입양은 귀엽거나 외로워서 또는 자녀들의 친구가 될 것 같다는 생각만으로 결정해서는 안 된다. 이들은 하나의 생명체이고 반려견들의 행복과 불행은 전적으로 반려인들의 마음가짐에 달려 있다.

입양 시에 반려인들이 해야 하는 기본적인 의무와 책임을 다할 때 반려견과 서로 교감하며 행복하게 살 수 있다. 이들에 대한 현실적인 의무를 소홀히 하거나 동물복지에 어긋나는 행동을 한다면, 유기견이 되거나 파양되는 불행한 사태에 이르게 된다. 결국 반려견을 새로운 가족으로 들인다는 것은 사랑이 수반된 의무를 다해야 하는 일임을 잊지 말자.

반려인의 현실적인 의무들

오늘 당장 새 식구가 들어왔다면

가족의 동의를 얻어 심사숙고 후 반려견을 입양하거나, 갑자기 반려견을 집에 들이게 되는 상황이 생겨 하루아침에 같이 생활하게 되는 경우도 있을 것이다. 어떤 사유로 반려인이 되었든 반려동물을 가족으로 맞이한다는 것에는 책임과 의무, 비용 등 만만치 않은 현실적인 문제들이 따른다.

인생에서 반려견을 가족으로 맞이해 살아간다는 것은 최고의 경험이다. 그러나 이런 멋진 경험들은 절대 노력하지 않고 쉽게 얻을 수는 없다. 철저한 준비와 노력, 비용, 때론 희생을 감내할 수 있어야 하며 이들과 소통하고 교감해야만 얻을 수 있는 귀중한 자산이다.

반려견은 고귀한 생명체이자 평생 책임지고 돌봐야 하는 가족이기에 신중하게 결정해야 한다. 주위 사람들이 반려인이 되기로 마음먹었다는 말을 전해올 때 내가 가장 강조하는 부분은 사전 준비와 노력이 있어야 한다는 것이다.

반려견에게는 먹는 것이 아주 중요하다!

강아지들에게 의식주는 매우 중요한데 그중에 먹는 문제가 가장 우선이다. 어린 강아지와 성견 및 노령견들에게 필요한 영양소가 각각 다르므로 이것들을 충분히 공급해주는 것이 반려견 식생활의 핵심이다. 기호성 있는 양질의 사료를 나이에 맞게 선택한 후 일정 기간 단위로 바꿔주어 반려견들이 다양한 영양분을 섭취할 수 있게 해준다. 이를 위해서는 우선 질이 좋은 사료를 고르고 사료에서 부족한 영양분을 보충하기 위해 수제 먹거리를 사료와 일정 비율로 같이 주는 것이 좋다.

사료를 선택할 때는 고단백질, 저탄수화물 위주에 인, 칼슘 등 주요 영양분들이 적절히 포함되어 있는지를 확인해야 한다. 곡물 소화가 어려운 반려견 특성을 고려해 알레르기나 설사, 소화불량, 염증 등을 유발할 수 있는 곡물이 없는 그레인 프리(Grain Free), 글루텐 프리(Gluten Free) 사료를 추천한다. 또한 부산물, 육골분, 동물성 단백질 등 첨가물이 들어간 사료는 피해야 한다. 건강과 나이에 따라 반려견들에게 눈물, 관절, 알레르기, 비만 등 신체적 특성이 나타날 수 있으니, 이를 고려한 맞춤식 사료를 선택하는 것도 중요하다. 만일 사료만 급여하는 경우엔 사료에는 돈을 아끼지 말고 최고 등급을 선택하라고 권한다.

어디서 재우고 어디서 지내게 할까

집에서 편안하게 쉴 수 있는 공간을 만들어주는 것은 반려견들의 정서에 아주 중요하다. 잠자리는 처음부터 사람들과 분리해서 독립적인 공간에 마련하는 것이 좋다. 이를 위해 별도의 강아지 집을 준비해 평소에 반려견이 잘 머물며 많이 오픈되어 있지 않은 공간에 독립적으로 재우는 습관을 들이는 것이 좋다.

집을 준비하지 않는 경우 반려견이 충분히 눕거나 편하게 쉴 수 있는 방석이면 좋다. 집 형태의 켄넬(Kennel)은 반려견들의 심리적인 안정화와 교육에 유용한 용품이니 폭넓게 활용하면 좋다. 특히 켄넬을 집으로 활용할 시에 좋은 점은 반려견들과 장거리 여행이 수월하다는 점이다. 비행기나 차를 타고 먼 곳을 갈 때 켄넬에 익숙한 반려견들이 훨씬 쉽게 적응할 수 있다.

반려견도 옷 입을 줄 안다

반려견에게 옷이란 먹거리와 잠자리만큼 중요한 문제는 아니다. 강아지들은 대부분 털이 있어 혹서기와 혹한기를 제외하고 특별히 옷이 필요 없다. 그러나 한여름 산책 시에 강력한 자외선을 막아줄 시원한 옷이나 풀밭에서 산책할 때 진드기를 예방해줄 서츠는 이들에게도 유용하다. 특히 단모종들은 겨울철 외부에서 산책할 때 추위를 탈 수 있으므로 패딩과 같은 보온을 위한 옷들이 필요하다. 또 털을 깎아준 다음 일시적으로 가벼운 셔츠를 입혀주거나 비 오는 날에 산책 시 비옷 등을 준비하는 것도 도움이 된다.

반려견 옷을 고를 때 주의할 점은 반려인의 취향에 따라 고르지 말라는 것이다. 어디까지나 반려견이 입기 편하고 만족스러워야 한다. 또 통풍과 신축성이 좋으며 피부에 나쁘지 않은 소재가 좋다.

일상적인 보살핌이란

온갖 재롱을 부리는 반려견을 보고 있자면 밥을 안 먹어도 배부른 것처럼 기분이 좋다. 그런데 반려견이 행복하게 살아가도록 해주는 것은 또 다른 현실적인 문제다. 정기적으로 씻기고 매일 밥과 물을 먹이며 산책과 용변을 챙겨야 한다. 주기적으로 목욕과 미용, 털 관리, 귓속 청소, 양치질과 발톱 손질을 해주는 일상적 보살핌은 이들과 함께 생활하는 한 하루도 빠짐없이 계속해야 하는 일상이고 가장 기본적인 의무다.

목욕은 10~14일 간격이면 충분하나 산책이 많거나 실내에서만 생활하는 경우 등을 고려해 일정을 정하는 것이 좋다. 발톱 관리 및 귓속 청소는 최소 2주 단위로, 항문낭 관리는 최소 한 달에 한 번은 해야 한다. 그러나 시간이 많지 않은 반려인이라면 한 달에 한 번 동네 병원에서 소위 '반려견 기본 케어 서비스(발톱 깎기, 발바

닥 털 밀기, 항문낭 짜기, 귀 청소)'와 목욕을 한꺼번에 해주는 것도 고려
해볼 방법이다.

또 산책이나 목욕 전후에 꼭 빗질을 해줘야 하는데 이것은 혈액
순환과 죽은 털 제거 및 엉킨 털을 풀어주고 산책 후 진드기 등이
붙는 문제도 예방할 수 있다. 미용은 장모종과 단모종에 따라 다르
며 장모종인 비숑, 푸들의 경우 대략 2~3개월 단위로 미용을 하는
편이며 단모종들은 브러시로 털을 잘 관리해주면 된다. 강아지는
미용 시에 엄청난 스트레스를 받는다. 가까운 곳에 단골 미용실을
정해 미용사와 천천히 교감을 늘려서 반려견이 미용 시에 받는 스
트레스를 줄여줘야 한다.

반려견 건강을 위한 필수 핵심 팁

강아지를 분양받았을 경우 생후 6~8주부터 2~3주 간격으로
1~5차 예방접종을 해야 한다. 통상 지역 및 견종과 유행에 따라 예
방접종의 종류와 시기는 달라지나 종합백신과 코로나장염, 켄넬
코프, 신종인플루엔자, 광견병 중에서 매회 2~3개씩 복수로 접종
을 해준다. 5회 기본 접종이 끝나면 항체가 형성됐는지 검사해본
후 기본적인 항체 유지를 위해 매년 1회씩 추가접종을 한다.

반려인이라면 생각해야 할 것이 중성화 수술인데, 2세를 계획
하지 않으면 수술하는 것이 바람직하다. 수컷에게는 발정기에 심
리적인 안정 및 전립선염 등을 완화해주며 암컷은 각종 자궁 관련

질병을 예방해주어 건강과 수명을 늘려준다. 수컷은 생후 4~5개월에 수술하는 것이 좋고 생후 1년 이내에는 해야 한다. 암컷은 대부분 첫 생리(통상 8~9개월) 이전인 생후 6~7개월에 해주는 것을 권장하는 편이다.

반려견들의 치아 관리는 중요해서 조금만 소홀히 하면 치석과 각종 치주질환에 시달릴 수 있고 종종 발치까지 해야 한다. 이런 것을 예방하기 위해 수시로 양치와 치석 제거 껌 및 잇몸에 바르는 치약 등으로 치아 관리를 해준다. 수년 동안 쌓인 치석을 제거하는 것이 역부족일 때는 스케일링도 필요하다. 스케일링은 전신마취 후 진행하므로 노령견의 경우 위험성이 있어 권하지 않는다.

행복한 반려생활을 위한 기본 교육

반려인이라면 가장 먼저 아이들에게 시간을 낼 수 있어야 한다. 하루 1회 이상 산책은 사회 속에서 같이 살아가기 위한 소통과 교감의 시간으로 반려생활의 핵심이다.

어린 강아지 시절부터 시작하는 기본예절 교육과 사회화 교육은 사람들 및 강아지들과 같이 살아가기 위한 기본 교육으로, 반려견과 더 행복하게 살기 위해 필수적이다. 군이 교육을 해야 하나 싶을 수 있는데, 반려인이 사정상 산책 시간이 충분하지 않거나 장기간 출장 등으로 귀가 시간이 늦어지더라도 반려견이 잘 참을 수 있는 데 중요한 역할을 한다.

우선 어릴 때 해줘야 하는 기본예절 교육과 용변 교육, 사회화 교육 등이 있다. 또 성견이 되어서도 계속 진행해야 하는 사회화 교육 및 행동 풍부화 교육(놀이) 및 반려인과의 교감을 높이는 교육들은 반려견이 올바른 견성을 갖게 해주고 스트레스를 줄여준다.

꼭 필요한
강아지 용품들

연간 양육비 132만 원, 경제적 여건을 반드시 고려하라

　KB경영연구소는 반려견을 키우는 데 드는 평균 비용과 세부 지출 내역 및 애로 사항 등을 담은 〈2021 한국 반려동물보고서〉를 발표했다. 보고서에 따르면 우리나라 인구 중 22%인 1,161만 명이 반려견과 같이 살고 있다. 반려견이 하루에 혼자 집에 있는 시간은 평균 6시간이며 1인 가구의 경우는 7시간 20분이다. 가구당 월평균 양육비는 13만 원(한 마리당 양육비는 11만 원)이며 반려견의 병원비는 1년에 32만 원이 드는 것으로 조사되었다.

　반려견 양육비 중 사료비와 간식비가 전체의 60% 이상을 차지하며, 용품 구입비와 미용비 등이 그 뒤를 따른다. 각종 중증질환 등에 걸리기 쉬운 10세 이상의 노령견을 키우는 가정은 반려견 보험이 일반화되어 있지 않아 병원비 부담이 크다.

　주목할 점은 혼자 집에 있는 반려견을 효과적으로 관리하기 위

해 자동 사료·물 급여기와 CCTV, GPS 위치추적기, 전자식 장난감 등 디지털 기술을 활용한 펫 테크(Pet Tech) 용품 구입 비용이 1인 가구와 MZ세대를 중심으로 지속해서 증가하고 있다는 것이다.

반려견 한 마리당 월평균 양육비가 11만 원이고 연간으로는 132만 원이 드는 셈이다. 일반적으로 반려견의 평균연령이 12~15년 이라고 가정할 때 15년을 사는 반려견을 키울 경우 드는 총양육비 는 1,980만 원이다. 이 정도 비용은 반려견 가구에서 절대 무시할 수 없는 금액이다. 게다가 두세 마리를 키우거나 반려묘를 같이 키 우면 비용은 훨씬 더 많아진다. 그러면 반려견에게 꼭 필요한 용품 들은 무엇이고 어떻게 구입해야 할까?

사람에게 좋은 것일까, 반려견에게 좋은 것일까

나는 사람들이 쓰는 용품보다 더 까다롭게 골라야 한다고 생각 한다. 왜냐하면 반려견들은 용품을 사용할 때 무엇이 불편한지 말 로 표현할 수 없기 때문이다. 따라서 반려견 용품의 첫 번째 선택 기준은 강아지에게 편리하고 적합한 용품인지 여부이며 반려인에 게 만족을 주는 것은 후순위여야 한다.

나는 1년 전부터 백팩(Backpack) 형태의 반려견 이동 가방을 구입 하기 위해 온라인 쇼핑몰을 검색하다가 구매 후기가 좋은 제품을 덥 석 구입한 적이 있다. 그런데 실제 이 제품을 사용해보니 어디가 불 편한지 근돌이가 가방에 들어가질 않아서 결국 반품했다. 생각해보면 근돌이는 디스크 증세가 있으니 까치발을 들고 매달리는 세로형 백팩 형태의 이동 가방은 관절에 부담을 주어 싫어할 수밖에 없었을 것이다. 이런 결과는 어디까지나 사람에게 기준을 두었기에 발생한 일이다. 따라서 반려견 용품을 살 때는 그들의 눈높이에서 필요한 것을 선택하는 게 최선이자 유일한 기준이 되어야 한다.

반려견 필수용품은 '필수'다

아무리 반려견의 눈높이에서 용품을 산다 할지라도 일반적인 기준으로 준비해야 하는 기본 용품이 있다. 일반적으로 반려견 용품은 용도나 생활환경, 나이, 크기, 계절, 견종에 적합한 것이어야 하며 종류는 매우 다양하다. 강아지를 처음 입양한 경우 반드시 필요한 기본 용품들을 준비해야 하며 나머지 용품들은 반려견과 생활하면서 천천히 마련하는 것이 효과적이다.

반려견의 필수용품으로는 크게 의식주에 필요한 기본 용품, 위생과 미용, 산책과 외출·여행, 건강 관리, 놀이·훈련으로 나뉜다. 5가지 항목은 처음 입양 시에 어느 정도 준비해야 한다. 각 항목에 따라 세부적으로 필요한 용품은 다음과 같다.

구분	해당 용품
의식주용 기본 용품군	• 강아지들의 건강 & 기본 케어에 중요한 용품들 • 사료, 간식, 식기류, 물통, 방석(침대), 집, 울타리, 펜스, 의류, 사료통 등 • 독신 세대는 자동 사료·물 급여기와 홈 CCTV, 자동 장난감 등
위생·미용 용품군	샴푸, 린스, 치약, 칫솔, 빗, 귀 세정제, 배변 패드, 배변판, 드라이기, 털 건조기, 미용 부분 클리퍼 등
산책, 외출, 여행 용품군	산책줄(목줄, 가슴줄, 리드줄), 이동 가방(켄넬, 슬링백 등), 차량용 안전 시트, 물통, 인식표, 입마개, 해충 스프레이, 멀미약, 입마개 등
건강 관리 용품군	영양제(관절, 피부, 눈, 심장), 귀 세정제, 눈물지우개, 피부보습제, 발바닥 크림, 운동량 점검기, 내외부 구충제, 넥카라 등
놀이·훈련 용품군	노즈워크(Nose Work) 용품, 강아지껌, 장난감

어린 강아지, 노령견, 아픈 반려견에게 필요한 용품은 따로 있다

사람도 갓난아기, 노인, 환자에게 필요한 용품이 따로 있듯이 반려견들도 마찬가지다. 나이 든 반려견과 아픈 반려견 케어를 위해 꼭 필요한 용품들이 있으며 어린 강아지들에게도 별도의 용품이 필요하다. 특히 반려견들은 스스로 표현할 줄 모르기 때문에 이런 용품들은 반려인들이 꼼꼼하고 세심하게 챙겨야 한다.

땀구멍이 거의 없는 개들의 특성을 고려해 한여름과 겨울철에 특별히 챙겨야 할 용품들은 별도로 준비해야 한다. 기능과 계절에 따라 다르므로 세심히 살펴보고 구입한다.

반려견의 특성과 계절에 따라 필요한 용품은 다음 페이지에 나와 있는 표와 같다.

구분	해당 용품
노령견 / 아픈 반려견을 위한 용품군	미끄럼 방지 매트, 모서리 충돌 방지 쿠션, 펫 계단, 반려견 유모차, 노령견 배변 기저귀, 펜스, 영양제, 노령견용 사료와 간식, GPS 위치추적기 등
어린 강아지 용품군	강아지껌, 이빨 갈이용 장난감, 교육도구(볼, 원반, 터그 용품), 퍼피용 사료와 영양간식, 교육용 간식
계절에 따른 용품군	• 동절기용: 보습 크림, 미스트, 발바닥 크림, 신발, 방한 의류 및 목도리 • 하절기용: 보냉 방석, 자외선 차단 용품, 바람막이 & 메쉬 보냉 의류

올바른 반려견 용품 구매 요령

초보 반려인들은 어떤 기준으로 반려견 용품을 골라야 할지 막막하다. 사실상 온라인상에는 강아지 용품에 대한 정보가 넘쳐나지만 이 정보들을 100% 믿기는 어렵다. 따라서 기본적인 선택 기준에 따라 직접 구매해 사용해보면서 시행착오를 겪은 다음 조금씩 올바른 용품 지식을 갖춰나가는 것이 제일 바람직하다. 여기에서는 초보자들이 용품을 선택할 때 참고할 만한 기본적인 선택 팁을 몇 가지 소개한다.

카페나 블로그 사용 후기를 꼼꼼히 비교, 참조한다

최소 믿을 만한 2~3개 사이트의 용품 후기를 비교해보고 판단해야 한다. 요즘에는 업체들로부터 후원을 받아 광고성 후기를 작성하는 경우가 많아 한 군데의 사용 후기나 상품평으로 구매하는 것보다 최소 2~3곳의 후기를 꼼꼼히 비교한 후 판단하는 것이 실패할 확률이 낮다.

반려견 전시회에서 용품을 착용하고 테스트해본다

특히 고가의 반려견 용품들인 이동장이나 가방류와 반려견 유모차 등을 구매하는 경우에는 반드시 전시회나 오프라인 매장에 가서 제품을 사용해보고 반려견이 그 제품을 사용하는 데 불편해하지는 않는지, 크기에 문제가 없는지 확인해보자.

사료를 바꿀 때는 샘플을 먼저 먹여보고 결정한다

사료는 내가 먹을 것이 아니고 반려견이 먹을 것이므로 반드시 먹여보고 구입 여부를 결정하는 게 좋다. 이를 위해서는 샘플 사료를 사거나 얻어서 반려견에게 먹여본 후 사료에 잘 적응하는지 확인한 후 바꾸어야 한다. 반려견들은 새로운 사료에 민감하고 또 아무리 좋은 사료라도 기호성이 떨어질 경우 적응하지 못하는 경우가 많다. 특히 노령견이나 아픈 반려견, 어린 강아지들은 식성이 예민하므로 아무리 좋은 처방식 사료로 바꾼다 해도 실패할 수 있으니 반드시 샘플용 사료로 며칠간 시식 후에 결정해야 한다.

중고장터를 활용한다

요즘은 반려견을 키우는 사람이 많고 반려견의 수명이 짧아 반려견과 이별하는 경우에 중고장터에 좋은 용품이 자주 나온다. 이 시장을 이용하면 반려견 관련 용품을 싸게 고를 수 있다. 반려견 관련 카페나 블로그에도 떠나보낸 반려견이 쓰던 용품을 무료로 나눠주는 경우가 있으니 이를 잘 활용하는 것도 추천한다.

온오프라인의 반려견 커뮤니티에서 용품 정보를 얻는다

반려인구 1,500만 시대다. 그만큼 반려견 커뮤니티도 많다. 이곳에서 반려견들과 관련해 직접적인 정보를 얻는 것도 권장할 만하다. 초보 반려인의 경우 초기에 많은 용품들을 일일이 사용해보고 구입할 수는 없으므로 신뢰할 만한 반려인들의 사용 후기를 참고하면 좋다.

반려견 용품 구입처

보호자들은 반려견 용품들을 어디에서 구매해야 할까? 코로나 팬데믹 시대에도 불구하고 여전히 반려견 용품 구매는 온라인과 오프라인에서 같이 이뤄지고 있다. 〈2021 한국 반려동물보고서〉에 따르면 반려인들의 51.4%가 온라인에서, 49.6%가 오프라인에서 필요한 용품들을 구매한다고 한다.

온라인과 오프라인의 차이는 명확하다. 온라인 구매는 가격 면에서 저렴하다. 그러나 실제로 제품을 볼 수 없기에 기능성 용품은 성능이나 구조를 보지 못한 채 사야 한다. 오프라인에서 구매하는 경우, 우리나라 반려인들은 펫 숍(34%), 대형마트(33%), 동물 병원(17%)을 선호하며 주로 제품 성분과 품질, 안정성, 반려견의 기호를 우선순위로 두는 편이다.

　사료나 간식, 패드 등 배변 용품, 샴푸 및 이미용품 등 일상에서 늘 사용하는 생활용품은 온라인상에서 구매해도 크게 문제되지 않는다. 생활용품은 반려견 카페 등 SNS 모임에서 공동구매를 진행할 때 구입하면 시세보다 저렴하게 구매할 수 있으니 이런 기회를 놓치지 말자. 비교적 가격이 나가는 영양제나 치료제 등을 해외직구 등으로 구매할 때는 평소 잘 아는 반려인들과 같이 공동구매해서 소분하는 것도 염두에 두길 바란다.

펫 용품의 고급화 트렌드, 진짜 좋을까

　요즘 펫 관련 용품의 트렌드는 '고급화'다. 펫팸족이나 아이 대신 반려동물과 지내는 딩펫(Dinkpet)족에게 반려견은 자식과 같은 소중한 존재들이다. 따라서 아무리 비싸도 최고의 제품을 사주고 싶은 경향이 점점 늘어나고 있다.

　최근 세계적인 명품 브랜드에서도 반려견 용품과 패션에 대한 관심을 가지고 고가의 이동 가방과 의류 등을 잇달아 내놓고 있다. 그러나 이런 고가의 제품들은 결국 반려인 자신의 만족을 위해 구매하는 경향이 더 크며 반려견의 만족과는 직접적인 연관이 크지 않다.

　결국 가격 수준을 떠나서 반려견이 반드시 필요하고 편하며 만족할 수 있는 용품인지 여부가 가장 중요한 선택 기준이 되어야 하며 그다음엔 안정성을 따져보아야 한다. 식품은 영양 성분과 함께 좋은 원료를 사용했는지 여부를 꼼꼼히 봐야 하며, 기호성도 나쁘지 않은 제품을 골라야 성공할 수 있다. 중요한 것은 내 반려견이 좋아하는 사료와 필요한 용품이 무엇인지를 정확히 판단하는 일이다. 주안점을 어디에 두어야 하는지만 명심한다면 실패할 확률은 그만큼 줄어들 것이다.

펫티켓이
필요해요!

반려인과 비반려인 모두 지켜야 할 펫티켓

근돌이와 산책 중에는 아주 기분 좋은 경우가 왕왕 있다. 지나가는 사람들이 근돌이를 바라보면서 얼굴에 환한 미소를 지어 보이거나 혼잣말로 "쟤 너무 귀엽다"라고 속삭이며 지나갈 때이다. 얼마 전 근돌이와 동네 산책 중에 본 어떤 분의 미소를 떠올리면 지금도 기분이 좋아진다. 이젠 어디를 가도 반려견과 산책하는 광경은 익숙하며, 반려견 동반 여행도 어렵지 않게 볼 수 있다.

산책할 때 가끔은 어이없이 행동하는 반려인들 때문에 당황하기도 하고 화가 치미는 일이 종종 있다. 반려견이 한창 냄새를 맡고 있는데 줄을 확 잡아당겨 강제로 끌고 가거나, 근돌이와 인사하고 싶어 다가서는 반려견을 안아서 억지로 데리고 가는 것을 보면 눈살이 찌푸려진다. 어디 이뿐이랴. 산책 시 반려견의 변을 치우지 않고 자리를 뜨거나 사람들이 왕래하는 거리에서 강아지 줄을 풀고 자유롭게 산책시키는 반려인들도 심심치 않게 볼 수 있다.

사람들 사이에서도 에티켓이 필요하듯 반려동물과 동행하려면서로 지켜야 할 예절은 절대적으로 필요하다. 반려동물을 가족으로 여기며 살아가는 펫 휴머니제이션 시대에 반려동물 가족들은 그들의 반려동물이 소중한 만큼 산책이나 공공장소에서 만나는 이웃들과 비반려인들의 삶도 존중해주어야 한다.

그런 우리에게 필요한 것이 바로 펫티켓(Pettiquette, 펫과 에티켓의 합성어)이다. 펫티켓은 산책이나 여행 등의 공공장소에서 다른 강아지들이나 사람들을 배려하는 마음이며 반려인들이 반드시 지켜야 할 공동 예절이다.

그중 산책길에서 지켜야 할 예절을 가장 강조하고 싶다. 대변 처리하기, 강아지를 싫어하는 사람들과 반려견들을 배려하기, 복잡한 공간에서 목줄 길이 조절해서 걷기, 산책 시 반려견 가족과 만났을 때 다른 사람들의 통행에 지장 주지 않기, 반려인들끼리 인사 나누기 등 대부분 반려인들이 지켜야 하는 예절이다.

그러나 자전거나 조깅할 때 강아지들에게 위협이 되지 않도록 운동하기, 반려인의 허락 없이 반려견에게 다가가거나 만지지 않기 등 비반려인들이 지켜야 할 기본적인 에티켓도 있다. 결국 펫티켓은 사람과 동물이 같이 살아가는 사회를 위해 반려인과 비반려인 모두가 지켜야 할 상호 에티켓인 셈이다.

강아지끼리 인사할 때 예의가 필요해요!

자신의 반려견이 친구를 만나서 인사를 나누고 싶은데도 어떤 반려인들은 무례하게 줄을 확 잡아당겨서 강제로 데려가는 것을 보면 안타까운 생각이 든다. 이런 경우엔 반려견을 안아서 그 장소를 피하거나 또는 간식으로 유도해서 원하는 방향으로 이동하도록 이끄는 것이 바람직하다.

"우리 애는 사교성이 없어 강아지를 무서워해요." 산책 시 보호자들이 가장 많이 하는 말이다. 일부 강아지들은 산책 시에 다른 개와 인사를 나누는 것이 큰 스트레스여서 의도적으로 피하는 경우도 많다. 우선 산책 시에 다른 강아지를 만나면 경계심을 풀고 인사할 수 있는지를 확인한 후 으르렁거려서 힘들어하면 자리를 피해줘야 하고, 인사해도 될 경우라면 상대방 보호자의 의사를 확인한 후 만나게 해줘야 한다.

산책 시에 근돌이에게 인사하고 싶은데 방법을 몰라 주저하는 강아지나 반려인들을 종종 만나게 된다. 이 경우엔 우선 상대방 보호자와 자연스럽게 대화를 나누면서 약간의 탐색 시간을 가진 다음 강아지 이름을 불러주며 천천히 접근한다. 어떤 경우는 내가 앉은 자세에서 상대방 강아지에게 내 손등과 근돌이의 엉덩이를 냄새 맡게 하거나 또 서로 강아지들을 안아 서서히 접근시켜 주면 대부분 경계심을 풀고 어느 정도까지는 접근할 수 있다. 이때 내가 근돌이에게 요구하는 이 행동을 '사회화 안내견' 역할이라 부른다.

내가 이런 역할을 요청할 때면 근돌이는 가끔씩 '아빠, 왜 매번 이런 것을 해야 해요? 난 싫단 말이에요'라고 투정 부리는 듯하다. 그럼에도 근돌이가 계속해서 사회화 안내견 역할을 해줄 때마다 늘 고마움을 느낀다. "강아지를 키우면서 이런 경험은 처음이에요. 우리 아이도 드디어 친구들과 냄새도 맡고 친해질 수 있게 되었네요. 강아지 산책의 즐거움을 알게 해주셔서 감사드려요"라는 말을 들을 때면 내심 기쁘다.

친구들을 만나면 이빨을 드러내며 극도의 공포심을 갖는 반려견도 있다. 산책 시 이런 반려견을 만나면 그 자리를 피해주는 것이 좋다. 이들은 어려서 사회화를 해야 할 시기에 보호자와 자연스러운 사회화 과정을 밟지 못했거나, 입양견의 경우 입양 전 다른 사람이나 강아지들한테 정신적·물리적 피해를 경험한 반려견일 가능성이 있다. 이 경우 교육 전문가들한테 의뢰해서 제대로 된 사회화 교육을 받으라고 권하고 싶다.

우리 개는 안 물어요!

대부분의 사람들이 강아지를 좋아한다고 생각하면 안 된다. 어렸을 때 개에게 물린 트라우마가 있거나 여타 이유로 많은 사람들이 개를 싫어하거나 무서워한다. 심지어 어떤 이들은 강아지를 극도의 공포 대상으로 생각해서 일부러 멀리 떨어져서 지나가기도 한다.

산책 시 이런 사람을 만났을 때는 가까이 가지 말고 줄을 짧게 잡아 반려견을 움직이지 않게 한 후 그들 먼저 지나가게 해주거나, 반려견을 안아서 그 자리를 먼저 피해주어야 한다. 산책 시에는 반드시 가슴줄이나 목줄을 착용해야 하고 인식표를 부착해야 하며 사람들이 많이 다니는 곳을 지날 때는 꼭 리드줄을 짧게 잡고 이동한다. 또 산책길에는 자동줄보다 1~3m의 수동 리드줄을 사용하고 혼잡한 곳과 여유로운 곳에 따라 리드줄 길이를 조절하는 것이 올바른 산책 방법이다. 또 강아지 전용 운동장이 아니면 목줄을 풀고 산책하는 것은 금해야 하며 맹견인 경우 반드시 입마개를 하고 공공장소에 나서야 한다.

또 귀엽다고 반려견 보호자의 허락도 없이 만지면 안 된다. 특히 처음부터 머리를 쓰다듬으면 어떤 강아지들은 자신을 공격하는 것으로 인식한다. 우선 낮은 자세로 앉아 손등을 내밀어 냄새를 맡게 한 후, 거부 반응이 없을 경우 상대방 보호자와 어느 정도 대화를 통해 이름을 불러준 다음 등이나 목 주위를 천천히 만진다.

먹이를 함부로 주는 것도 펫티켓에 어긋나는 일이므로 반드시 보호자의 동의를 구한다. 강아지에 따라서 알레르기를 일으키는 음식도 있고 체중 문제로 간식을 조절해야 하는 경우도 있기 때문이다.

어린아이와 같이 있는 사람들 중 강아지들에게 관심을 갖는 분들이 더러 있다. 어떤 부모들은 아이가 반려견을 만져봐도 되느냐고 조심스레 물어보기도 한다. 나는 근돌이가 스트레스를 받지 않도록 아이가 근돌이의 엉덩이 부분을 만지도록 해준다. 왜냐하면 일부 강아지들은 아이들이 비명을 지르거나 시끄럽게 떠드는 소리에 신경질적인 반응을 보이는데, 우리 근돌이도 여기에 속하기 때문이다. 어린아이가 반려견을 만질 때는 반드시 보호자와 함께 있도록 해야 한다.

공공장소에서 꼭 필요한 펫티켓

산책 시 반려인이 반드시 해야 할 것 중 하나가 변 수거다. 1회 산책 시 1~2회 정도 대변을 보니 최소 2장 이상의 대변 수거 비닐을 준비하는 것이 필요하다. 소변의 경우 나무나 전봇대, 다른 강아지가 소변 본 곳에 주로 본다. 상가나 건물 앞을 지날 때 홍보물이나 건물 모퉁이 등 타인의 사유물에 소변을 볼 경우 준비한 물로 그 부분을 씻어주는 것도 펫티켓이다.

공공장소인 엘리베이터에서는 반려견을 안고 타거나 구석에 태워 다른 사람과 분리시켜야 한다. 대중교통 이용 시, 반려견 동반이 가능한 식당이나 카페 이용 시에도 반려견 전용 캐리어로 이동 후 허용된 '펫 프렌들리(Pet Friendly) 장소'에서만 반려견이 움직일 수 있게 한다.

펫티켓에서 빼놓을 수 없는 것 중 하나는 아파트 등 실내공간에서 반려견이 짖는 문제다. 대부분 반려인이 있는 밤 시간에는 짖지 않을 수 있지만 보호자가 집에 없는 낮에 아파트 등 공동주택에서 계속 짖어대는 반려견들이 종종 있다. 이런 강아지들은 기본적으로 혼자 있는 것이 두려운 분리불안 증세가 있는 경우가 많으므로 일단 낮에 짖는지를 CCTV를 통해 파악해보고 전문가에게 분리불안 교육 등 구체적으로 문제를 상의해야 한다.

2장

반려견과
행복한 동행을 위해

반려견과
20년을
행복하게
보내려면

사랑하는 내 반려견의 장수를 위해서

반려견과 함께 지내는 삶이 풍요롭고 행복하다는 것은 너무나
도 분명하다. 반려인들은 누구나 내 말에 동의할 것이다. 그러나
반려견과의 삶이 오랫동안 계속되리라고 생각하는 보호자들은 아
마 없을 것이다. 반려견의 수명은 인간의 수명과 같지 않기 때문이
다. 10년을 같이 지낸 반려견이 갑자기 아파 세상을 떠난 후에 너
무 힘들어하는 지인도 있고, 수년간 아픈 노령견을 온 가족이 지극
정성으로 돌봐온 후배도 있다. 이런 사례들을 보면서 반려인의 한
사람으로서 반려견의 행복과 건강한 삶에 대해 여러 가지 생각을
하게 된다.

사랑하는 존재가 가능하면 오랫동안 나와 함께 살기를 바라는
마음은 누구나 같을 것이다. 그러나 그게 어렵다면 같이 사는 동안
만큼은 건강하게 허락된 수명을 유지하는 것을 목표로 삼는 것이

현실적이다. 짧다면 짧고 길다면 긴 15~20년, 이들이 평생을 건강하고 행복하게 보내기 위해서는 무엇이 중요한지 알아보자.

올바른 먹거리는 매우 중요하다

반려견의 건강한 삶을 위해 가장 신경 써야 할 것은 균형 잡힌 식생활이다. 아직 사료만 고집하는 분들도 많지만 나는 건조된 사료만 주는 것은 균형 잡힌 식생활과는 거리가 있어, 자연식 먹거리와 사료를 골고루 줘야 한다고 생각한다. 이런 확신 아래 지금도 자연식 비율을 조금씩 높이는 중이다. 물론 자연식으로 반려견 음식을 마련하기가 쉬운 일은 아니다. 게다가 자연식만 먹이면 강아지들이 사료를 점점 멀리할 수 있어 사료와 적절하게 균형을 맞추는 것이 중요한 문제다.

최근에는 반려견들을 위한 자연식 식품 판매처가 많이 생겨 식재료를 구하기도 쉬워져서 조금만 신경 쓰면 얼마든지 반려견을 위한 다양한 먹거리를 만들어줄 수 있다. 가장 바람직한 것은 평소 자신이 먹으려고 구입한 식재료 중 일부를 떼어 조미하지 않고 삶거나 찐 형태로 자연식을 만들어 사료와 혼합해주거나 사료 위에 올려주는 방법이다.

산책은 반려견의 필수 에너지원이다

반려견에게 산책은 따로 떼어놓고 생각할 수 없는 중요한 활동이다. 최소 하루 1~2회 산책은 반려견에게 꼭 필요한 절대적 에너지원이다. 나는 아침에 20분, 저녁에는 40~50분 내외로 근돌이와 산책하는데 특히 햇볕이 따뜻한 오전 산책은 기분 전환과 함께 혈액순환에도 더할 나위 없이 좋다. 반려견이 밖에서 대소변을 보는 것은 큰 기쁨이고 스트레스 해소에 중요하다는 연구 결과가 있듯이 평일 하루 1~2회, 주말에는 여유 있게 양을 늘리고 무엇보다 반려견이 만족할 수 있는 질 좋은 산책을 해주어야 한다.

가족이라면 반려견 건강 관리 노력은 필수

반려견들도 관절 등 근골격계에 도움이 되는 기본운동 및 정기적인 건강검진을 해야 한다. 건강은 잃기 전에 관리해야 하는데 이는 반려견들도 마찬가지다. 반려견이 사고 위험에 노출되지 않게 집 안 환경을 꾸미는 것과 외출 시에 안전 문제를 신경 쓰는 것도 반려견의 건강을 위해 반드시 필요하다.

1년에 한 번씩 접종하는 기본 예방접종은 필수이고 반려견들이 취약한 부위인 귀와 발톱, 항문낭, 모발, 피부 등은 세심하게 관리해줘야 한다. 특히 노령견일수록 관절 및 장 건강과 영양을 위한 식생활 및 영양제 등도 챙겨줘야 하며, 최소 6개월~1년에 한 번씩 정기 건강검진이 필요하다.

반려견들의 신체 건강을 관리하는 만큼 정서적인 건강도 관리해야 한다. 스트레스를 받는 반려견들의 건강이 좋을 리 없다. 이를 위해 가장 기본적으로 필요한 것은 올바른 시기에 사회화와 행동 풍부화를 위해 노력하는 일이다.

사회화의 올바른 시기는 생후 3~14주 정도다. 이 시기에 반려인이 자주 밖에 데리고 나가 여러 가지 소리(사람, 차량, 오토바이, 자연 등)를 들려주고 냄새를 맡게 하는 등 다양한 외부 사물들에 익숙할 수 있도록 해주고 다른 강아지 및 사람들과도 자연스레 만나면서 인간 사회에 적응시켜 줘야 한다.

5차 접종이 끝난 후 반려견을 데리고 밖에 나가는 것은 너무 늦다. 접종이 끝나기 전에라도 집 앞에서 짧은 산책을 해주고 반려견을 안고 나가 외부 환경에 노출시키는 것은 평생을 안정적으로 사는 데 도움이 된다. 올바른 시기에 사회화를 제대로 시작하는 것과 평소 반려견의 행동 풍부화 노력은 반려견이 평생 스트레스를 덜받고 생활할 수 있는 디딤돌이다. 이것은 결국 반려견의 삶의 질, 나아가 수명 연장과도 직접적으로 연관되는 핵심 사항들이다(구체적인 방법은 2장의 '반려견 사회화, 그 중요한 의미' 참고).

본능을 일깨워주는 행동 풍부화

반려견에게 또 하나 꼭 필요한 것은 본능을 일깨워주는 것이다.

이를 위해 평소 실내에서도 야생에서 살았던 생활방식을 인위적으로 경험할 수 있게 해줘야 한다. 평소 반려견들은 아파트나 주택 등 제한된 공간에서 살게 되므로 오랫동안 혼자 있거나 움직이지 못하는 것에 대한 무기력증과 스트레스를 받기 쉽다. 이런 것을 방지하기 위해 반려견들이 실내외에서 다양한 신체 및 두뇌 활동을 할 수 있도록 본능을 자극해주는 것을 '행동 풍부화'라고 한다.

행동 풍부화 활동에는 인지 능력과 감각 자극, 사회관계 및 먹이를 풍부하게 해주는 방법 그리고 물리적인 환경을 바꿔 그들의 다양한 감각들을 자극해주는 방법 등이 있다. 따라서 다양한 방법으로 먹이를 주거나 집 안에서 움직이는 동선을 고려해 구조물(침대, 식사 장소)을 변경해주거나 노즈워크 등 여러 가지 놀이를 병행하는 것도 행동 풍부화에 도움이 된다.

외부의 반려견을 위한 공원이나 반려견 카페 등에서 친구들과 마음껏 뛰어놀게 하자. 더불어 반려인과 다양한 야외 활동(달리기, 원반과 공놀이, 산행, 수영, 캠핑, 자전거 같이 타기 등)을 같이하면 행동이 더 풍부해지고 야생과 유사한 환경에서 본능이 자극되므로 실내에서 오랫동안 혼자 있는 반려견들의 스트레스를 크게 줄여준다.

정서적 교감 높이기

반려견과 행복한 생활을 하기 위해서 보호자는 끊임없이 정서적 교감을 나눠야 한다. 말 없는 동물과 눈빛, 터치 등으로 공감 능력을 키우는 일은 많은 시간을 혼자 보내야 하는 반려견의 심적 안정에 좋다. 이와 같은 교감은 반려인에게도 위로를 준다. 반려견은 그들의 오래된 언어인 눈빛을 통해 반려인의 속상함과 슬픔이나 행복한 표정을 본능적으로 알아차린다.

사랑한다는 교감은 눈빛과 스킨십, 산책, 놀이 시의 부드러운 음성에서 느낀다고 하니 최대한 반려견에게 좋은 감정을 많이 표현할수록 좋다. 나는 퇴근 후 산책에서 돌아오면 근돌이와 간단한 공놀이나 노즈워크 그리고 디스크 증세가 있는 등뼈와 목 주위를 부드럽게 마사지해주며 하루를 마감한다. 말없이 근돌이를 바라보며 스킨십을 통해 교감하는 것이야말로 더없이 소중하며 지친 일상에서 새로운 에너지를 충전하는 시간이기도 하다.

반려견의 눈높이에 맞는 행복이 최우선

반려견의 평균수명은 견종과 크기별로 다르지만 대략 10~15년이고, 최근 20년을 건강하게 사는 강아지들도 점점 더 늘어나고 있다. 암, 심장병, 관절염, 디스크, 혈관질환, 안과질환은 물론 치매 등 사람이 걸리는 모든 병이 노령견에게도 찾아온다. 앞서 말한 것들을 잘 지킨다면 반려견들은 질병, 사고와 스트레스를 훨씬 줄일 수 있고, 견생 후반부도 건강하게 지내다 주어진 생을 마감할 수 있다.

반려견에게 장시간 염색과 미용을 해주고 몸에 꽉 끼는 트렌디

한 명품 옷을 입히며, 생일파티를 해준다고 1년에 하루 비싼 파티 음식을 차려주는 일에만 신경 쓰는 것을 보면 안타까운 마음이 든다. 또 반려인의 기본적인 의무인 산책에 소홀해서 하루에 한 번도 산책을 하지 않는다면 이 반려견은 진정으로 행복할까? 반려견이 행복하게 살기 위해 어떤 것들이 중요한지 잘 생각해보고 이들의 건강과 행복한 생활에 도움이 되는 것들을 하나씩 실천해야 한다.

반려견 산책의 중요성

나와의 짧은 산책을 위해 온종일 기다린 근돌이는 엉덩이를 씰룩거리며 세상을 다 얻은 것처럼 즐거워한다. 이때만큼은 개선장군처럼 의기양양해져 동네 골목을 누비는데, 노상에서의 시원한 방변과 군데군데 마킹 그리고 친구들 냄새를 맡는 노즈워크로 하루 종일 쌓였던 대부분의 스트레스를 날려버린다.

반려견이 말을 알아듣는다고 가정하고, 이들에게 '간식'과 '산책' 중 하나를 고르라고 하면 과연 어떤 것을 선택할까? 확신하건대 아마 대부분의 반려견은 산책을 선택할 것이다. 나에게 근돌이를 위한 정기 건강검진과 산책 중 하나만 고르라고 한다면 주저 없이 산책을 고를 것이다.

그만큼 산책은 반려견들이 살아가는 데 없어서는 안 될 산소와 같은 것이다. 산책이 이들에게 얼마나 중요한지 알아보자.

코 호흡과 뇌 운동(호흡)이 동시에 작동한다

인간들은 여러 경로로 자아실현을 하며 스트레스를 푸는데, 강아지들은 산책 시 노즈워크로 인한 코와 뇌 호흡으로 이런 부분들을 대신한다. 어떤 반려인들은 이것을 산책 일기로 표현하는데, 강아지들은 산책을 통해 어떤 강아지들이 다녀갔는지, 친구가 마킹한 곳의 냄새를 맡으며 그들의 안부를 알고, 그곳에 자신의 냄새를 묻혀 친구들에게 소식을 전한다고 한다. 강아지들은 인간보다 최고 1만 배 이상 후각이 뛰어나 여러 냄새를 정확히 구별하고 이로 인해 스트레스를 푼다. 이때 체내에는 신선한 공기가 공급된다.

사회적 관계 형성으로 정서적 안정을 준다

강아지에게 산책이란 집 안에서 맺은 반려인과의 관계 외에, 밖에서 친구들과의 자연스러운 만남으로 사회적인 관계를 새롭게 형성하는 것이다. 이는 반려견이 좀 더 정서적으로 안정되고 건강하게 생활하는 데 도움이 된다. 개는 원래 무리 지어 생활해온 동물이기에 친구들과 사회적인 활동도 산책의 주요 목적 중의 하나다.

반려인과의 교감을 높여준다

정기적으로 산책하는 반려견은 그렇지 않은 반려견보다 반려인과 긴밀한 유대감을 형성한다. 이로 인해 분리불안과 짖음 등 어느 정도의 스트레스도 이겨낼 수 있는 능력이 생긴다는 연구 결과도 있다.

반려견의 건강 정보를 파악할 수 있다

보호자들은 산책하면서 반려견의 걸음걸이 등 행동 특성으로 질병 정보나 내적인 심리 상태 등 기본적인 건강 정보를 파악할 수 있다. 소변, 대변 횟수나 양, 형태를 통해 소화기와 비뇨기계의 문제점들을 파악하고 걸음걸이를 보면서 탈골, 디스크와 같은 근골격계 문제 등 반려견의 건강에 대한 기본적인 사항을 어느 정도 점검해볼 수 있다.

올바른 반려견 산책이란

산책 시에는 여러 가지를 준비하고 고려해야 한다. 이 중에서도 첫째는 안전이다. 우선 반려견이 자동차나 자전거 또는 다른 사람들로부터 위협을 느끼지 않으면서 안전하게 산책할 수 있는 환경은 반려인 스스로 만들어줘야 한다.

산책 시에 만나는 강아지 친구들에게 위협이 되지 않게 하는 것도 무엇보다 중요하다. "우리 개는 안 물어요"라고 말하는 것은 금물이다. 항상 가슴(목)줄을 착용하고 개를 무서워하는 사람들과 다른 반려견들에게 위협이 되는 행동을 자제해 그들과 일정한 거리를 유지해야 한다. 특히 어린이들이 뛰거나 소리를 지를 때 강아지들은 흥분하며, 좁은 길에서는 조깅하는 사람, 지나가는 자전거나 킥보드에 갑자기 달려들 수 있음을 항상 명심해야 한다.

둘째로 중요한 것은 반려인과 교감을 나누는 산책이다. 일방적으로 반려견에 이끌려 가거나, 주변 사람과 강아지 등을 지나치게 의식하면 온전하게 교감할 수 없다. 반려견과 일정 거리를 유지한 후 노즈워크, 마킹과 친구들과의 적절한 인사 및 대소변 해결을 통해 산책의 종합적인 목적을 달성할 수 있어야 한다.

반드시 처음부터 끝까지 계속해서 걸을 필요는 없으며 중간에 벤치에 앉아 반려견과 눈과 손으로 교감하며 시간을 보내는 것도 좋다. 중소형견은 한 번에 20~40분, 대형견은 40~60분씩 하루 1~2회 산책이 적당하다. 산책 시간은 반려견의 나이, 체력, 종에 따라 다르며, 짧게라도 자주 하는 것이 훨씬 좋다. 하루 한 번 30분보다 하루 2~3회 10분씩 끊어서 하는 것이 더 좋고, 반려견의 본능이 충분히 발현되어야 하며 양보다 질이 더 중요하다.

산책 시에 만나는 다른 개와의 교감도 반려견의 사회화 교육을 위해 중요하다. 상대 반려견의 보호자와 자연스럽게 대화를 나누면서 친구들끼리도 냄새를 맡고 교감할 수 있는 분위기를 만들어주어야 한다. 처음에는 짖거나 두려워하더라도 천천히 친구들과 교감을 늘려가는 방법을 익히도록 해야 한다. 어릴 때 이런 교감이 없으면 나이 들어서 사회화 교육이 훨씬 더 어려워질 수 있다.

특별한 산책 기술 및 노하우

산책에도 기술과 노하우가 있다. 우선 산책 시에 자동 리드줄보다 1~3m 수동 리드줄이 더 적합하고 목줄보다 가슴줄(하네스) 사용이 훨씬 유용하다. 사람이 많거나 복잡한 산책길에서는 수동 리드 줄을 1m 이내로 짧게 잡고, 한적한 길에서는 최대한 길게 풀어 반려견이 원하는 곳까지 길이를 조정해주는 것이 좋다.

두 번째는 아직 산책이 익숙하지 않은 반려견의 경우 반드시 간식 주머니를 가지고 다니면서 원하는 방향과 반려인과 거리 등을 잘 지키면 보상을 해주는 방식으로 습관을 들여야 한다. 처음부터 반려인과 같이 움직이는 것이 좋은 방법이나 그렇지 않더라도 최소한 너무 급하게 줄을 당기거나 반려인이 강아지에게 끌려다니는 산책은 하지 말아야 한다.

세 번째는 매일 똑같은 코스의 산책은 지양하라는 것이다. 나는 집을 중심으로 동서남북 4가지 기본 코스를 20~30분 코스와 30~40분 코스 등으로 나누어 대략 8가지 이상의 산책 코스를 사용한다. 응용하거나 순서를 바꾸면 대략 15개 이상의 다양한 코스를 만들 수 있다. 또 걸어서 산책하는 코스와 차로 10~20분 정도 이동해서 산책하는 공원 산책 코스를 개발해 시간별, 코스별로 20여 개 이상의 산책 코스를 활용한다. 이렇게 하는 이유는 반려견들이 좀 더 창의적이고 변화 있는 산책을 즐기게 하기 위해서다. 반려견들도 사람과 마찬가지로 매일 똑같은 코스에서는 새로움을 느끼는 데 한계가 있어 늘 시간과 방향 및 장소를 변경해서 행동 풍부화를 해줘야 한다.

네 번째는 비나 눈이 오는 날, 추운 날의 산책이다. 반려견들은 비나 눈이 오거나 영하 10도 이하의 강추위에도 규칙적으로 산책을 해줘야 한다. 비가 많이 오면 야외보다는 아파트 지하주차장이나 비를 피할 수 있는 천막 시설이 있는 곳에서 산책을 권유하며, 비가 조금 오면 반려견에게 비옷을 입히거나 큰 우산을 받쳐 들고 짧게라도 산책하는 것이 좋다. 눈이 많이 오지 않으면 조금이라도 산책하는 것이 좋으며, 염화칼슘 등이 뿌려진 도로에서 산책 후에 발을 씻기고 보습제를 발라 거칠어진 발을 보호해줘야 한다. 영하 10도 이하 강추위에서는 방한 의류와 넥워머로 보온을 충분히 한 다음 짧은 시간이라도 산책하자.

다섯 번째는 피해야 할 견종을 알아두어 산책 시에 자신의 반려견과 맞지 않은 개들을 마주쳤을 때 그 자리를 피하는 것이 좋다. 근돌이는 골든 레트리버와 프렌치 불도그 등 코가 납작한 강아지나 귀가 늘어진 비글, 코커스패니얼 등의 견종을 보면 짖어대며 달려든다. 멀리서 그런 견종이 보이면 노선을 바꿔서 마주치지 않게 하거나 내가 먼저 그 자리를 피한다.

여섯 번째는 산책 시의 다양한 상황에 대해 자기 반려견의 카밍 시그널(Calming Signal, 몸짓 의사 표시)을 이해하고 여기에 맞는 행동을 취해주는 것이다. 반려견들도 감정이 있기에 여러 상황에서 보호자에게 신호를 보내는데 이것을 통칭해 카밍 시그널이라고 한다.

예를 들어 꼬리를 올리거나, 내리거나, 얼음이 되어 자리에서 움직이지 않거나, 고개를 돌려 피하거나, 그 자리에 앉는 등 다양한 시그널을 정확히 이해하고 그에 따른 합당한 조치들을 취하는 것이 중요하다. 그래서 반려견이 겁을 먹고 자리를 피하고 싶은지,

마주친 친구와 좀 더 교감을 나누고 싶은지 잘 파악해야 한다.

산책 도우미, 도그워커

1인 가구가 급격히 늘어나면서 혼자 키우는 반려견들의 산책이나 케어 등에 애로 사항이 많아졌다. 반려견을 산책시켜 주는 사이트가 등장하기도 하고 '반려견 산책 알바'도 생겨나고 있다.

혼자 사는데 며칠씩 출장이나 휴가를 가야 할 경우 이제는 홀로 집에 남아 있는 반려견을 더 이상 걱정하지 않아도 된다. 반려견의 산책을 도와주는 산책 도우미, 도그워커를 구하거나 산책 사이트에 가입하면 산책은 물론 기본적인 훈련이나 에티켓까지 도움을 준다.

산책 시 에티켓

산책 시에 반려인들이 신경 써야 할 부분 중의 하나는 펫티켓이다. 가슴줄과 목줄은 반드시 착용해야 하며 혼잡한 공간에서 목줄 길이 조절하기와 변 수거하기, 강아지를 무서워하는 비반려인과 강아지들을 배려하기, 산책 시 만나는 강아지나 반려인들과 자연스럽게 인사하기는 반려인이 지켜야 할 에티켓이다. 비반려인들도 허락 없이 강아지를 만지지 말아야 하며 보행이나 자전거를 탈 때 강아지가 놀라지 않도록 주의해야 한다.

반려견에게 사료만 줘도 충분할까

사료파와 자연식 병행파

10년 전 근돌이를 가족으로 맞이한 후, 이 주제에 관심을 가지고 여러 자료를 찾아보며 공부하는 중이다. 오래전부터 반려견을 입양한 사람들 사이에서도 개들에게는 사료만 주어야 하고 사람이 먹는 음식은 절대 줘서는 안 된다는 사료파와 사람들이 먹는 음식 중 조미하지 않고 신선한 재료로 음식을 만들어 사료와 함께 주는 것은 강아지들 건강에 훨씬 도움이 된다고 주장하는 자연식 병행파로 팽팽하게 나뉘어져 있다.

정확히 확인되지는 않지만, 강아지들에게 사료만 먹여야 한다는 논리는 외국계 거대 사료 회사들이 마케팅 차원에서 퍼트렸다는 설이 있다. 그러나 요즘에는 사람이 먹어도 될 정도의 식재료를 사용하는 일명 '휴먼그레이드(Human Grade) 사료'도 나오고 있다. 이런 프리미엄 사료를 급여하는 사료 고급화가 전반적인 추세다.

최근에는 양질의 자연식을 사료와 함께 먹이는 반려견들이 더욱 건강하게 오래 산다는 연구 결과들도 발표되면서 반려인들은 강아지들에게 사료만 주는 것이 과연 옳은지에 대해 의문이 드는 것이 사실이다.

20~30년 전만 해도 강아지한테 사료를 급여하는 가정들은 그리 많지 않았고, 대부분은 사람들이 먹고 남은 음식물을 섞어서 주었다. 특히 시골에서는 조미가 된 된장국 등 사람들이 남긴 음식에 밥을 더 섞어서 주는 일종의 '개밥'이란 것이 일반적인 반려견 급식 형태였다. 지금 생각해보면 사람들이 먹고 남은 짜고 매운 음식을 그대로 강아지에게 주었으니 치명적인 염분과 당분 그리고 기름기 성분들을 먹고 자란 강아지들의 건강이 온전할 수 없었을 것이다.

한국에서도 1980년대에 들어 사료를 주기 시작하면서 반려견의 건강을 챙기기 시작했다. 최근에는 국내에도 전문 사료 회사들이 속속 생겨날 정도로, 많은 이들이 반려견을 위한 올바른 먹거리를 찾고 있다. 반려견들은 체내에서 합성할 수 없는 단백질들이 있고, 유아(견)기, 성견기, 노견기에 따라 꼭 필요한 필수영양소인 칼슘과 비타민, 무기질 등 많은 영양분이 골고루 필요하다. 그러나 사료만으로는 이런 영양소를 충족하기 왠지 부족할 것 같고, 매일 똑같이 딱딱한 사료를 반려견에게 먹이는 것도 미안한 생각이 든다.

대부분의 반려인들은 사료만 주기 때문에 반려견에게 사료는 유일한 영양 공급원이다. 따라서 사료만 급여하는 반려인들에게는 돈을 아끼지 말고 최상 품질의 사료를 먹이라고 강조하고 싶다. 필수영양소들이 골고루 들어 있어 반려견에게 영양학적으로 완벽한 사료를 먹이면 좋지만 이런 사료를 찾기는 결코 쉽지 않다. 결국 최상급의 질 좋은 사료를 선택하고 주재료가 다른 몇 가지를 번갈아가며 급여하는 것이 가장 합리적인 사료 급여 방법이다.

나는 닭고기, 양고기, 소고기, 칠면조 등 육류가 주성분인 사료와 연어, 북어, 참치 등의 생선류가 주원료인 사료 및 단호박, 고구마, 당근 등 채소류나 섬유질이 많이 가미된 섬유질 위주 사료 등을 골라서 바꿔주는 주기를 잘 조절해 급여하는 것에 주안점을 두고 있다. 방부제나 산화방지제 등의 유해 첨가물 여부를 확인하는 것은 필수이며, 각종 동물이나 생선의 내장 등 어떤 부산물이 들어갔는지, 강아지에게 유해하거나 이름이 밝혀지지 않은 미심쩍은 첨가물이 포함되었는지도 꼼꼼히 보아야 한다.

사람들이 먹는 음식 중에 반려견들에게 절대 줘서는 안 되는 식재료들도 잘 구분해야 한다. 우선 강아지들에게 치명적인 것들은 염분, 당분, 기름기 있는 음식, 카페인류, 알코올류 및 독성이 강한 향신료 등이다. 아무리 좋은 음식도 식재료에 이런 것들이 들어가면 반려견의 건강을 위협하게 된다. 이외에도 과일의 씨앗이나 견과류, 우유, 초콜릿류, 양파, 파, 부추, 미나리, 고사리 등 적혈구 파괴 식품류 및 마늘, 생강, 후추, 고추 등 독성이 강한 향신료와 소화가 잘 안 되는 오징어, 문어, 쥐포 등 갑각류 및 생선류의 가시, 소뼈, 닭뼈 등은 위장에 상처를 줄 수 있어 절대 피해야 하는 식재료들이다.

반려견들에게 올바른 먹거리

사람들이 먹는 식재료를 가지고 찌거나 삶는 방식으로 만든 건강한 자연식을 사료와 함께 주는 것이 좋은 식사임에는 틀림없다. 문제는 현실적으로 사료와 직접 만든 음식을 병행해서 주기가 쉽지 않다는 것이다. 어느 순간에 반려견의 입맛이 점점 자연식에 길들여져 사료를 피하게 되기 때문이다.

따라서 사료를 절대 주지 않고 모든 식사를 자연식으로 만들어 주거나 아니면 일주일에 몇 회 불규칙적으로 자연식을 만들어 사료와 병행해서 주는 방법 중 하나를 선택해야 한다. 자연식은 사료와 섞어 주어 나중에 사료만 주어도 거부감을 덜 느끼도록 하는 것이 필요하다. 자연식에 길들여 사료를 거부할 경우에는 모든 자연식을 중단하고 일정 기간 사료만으로도 식사할 수 있게 해야 장기적으로 사료와 자연식의 병행에 도움이 된다.

자연식 재료 중에는 북어, 오리고기, 연어, 족발, 닭고기, 소고기, 돼지고기, 달걀노른자 등 동물성 식품류와 당근, 고구마, 단호박, 양배추, 브로콜리, 시금치와 같은 신선한 채소류 및 딸기, 바나나, 사과, 귤, 토마토 등의 과일이 반려견의 영양 공급에 도움이 되는 훌륭한 음식이다. 비록 자연식 병행 방법이 반려견들의 입맛을 까다롭게 만들어 사료 급여 시 어려움이 있더라도 좋은 재료로 자연식을 만들어 강아지에게 건강과 함께 먹는 즐거움을 줄 것을 추천한다.

지금부터 수만 년 전, 늑대 무리들이 민가에 내려와서 사람들한테 먹이를 얻어먹게 되면서부터 늑대들은 야생에서 힘들게 사냥하지 않고 사람들과 잘 지내면 쉽게 먹이를 구할 수 있다는 것을 알게 되었다. 늑대들은 사람들이 자는 야간에 산짐승의 접근을 알려주는 역할을 하게 되자 인간들은 밤에 편안하게 잠을 자게 되었고 대신 사람들에게 먹이와 잠자리를 제공받아 인간들과 더 가까워졌다. 늑대들은 점차 인간들의 일을 돕는 조력자로 진화를 거듭해오다가 오늘날 함께 동거동락하는 반려견으로 발전하게 되었다.

지능으로만 보면 우리와 99%의 유전자가 비슷한 침팬지가 인간과 가장 유사하지만, 개는 사람들 세상에서 사냥과 목축견 역할을 하며 사람들을 돕고 오랫동안 인간과 공감하면서 사람의 마음을 읽는 능력이 발달했기에 오늘날 사람들의 가장 충실한 친구이자 동반자가 되었다.

반려인들은 자신의 반려견과 행복하게 살아가길 희망하며 더 좋은 추억을 만들고 싶어 한다. 이를 위해서는 반려견에 대해 많이 알아야 하고 그들이 보내는 여러 가지 신호들을 잘 이해할 수 있어야 한다. 결국 반려견 교육은 그들과 서로 소통하는 것이며 사람들 및 다른 강아지들과 같이 살아가는 방법을 가르쳐주는 것이기에 엄격한 훈련이 아니라 부드럽고 즐거운 소통이 되어야 한다.

강아지 언어 이해하기

강아지와 인간은 비록 언어로 소통하지는 않지만 눈빛과 몸짓으로 감정을 표현하며 교감한다. 특히 강아지는 사람과 눈을 마주치며 감정을 주고받을 수 있는 가장 탁월한 능력을 가진다. 2015년 〈사이언스〉에 실린 논문에 따르면 사람들이 반려견과 눈을 마주치면 사랑의 호르몬인 옥시토신이 크게 증가하는데, 놀라운 점은 그때 반려견의 소변에서도 옥시토신이 같이 검출된다는 사실이다.

일본 아자부대학교 연구진의 실험에 의하면, 반려인이 반려견과 100초 이상 눈을 맞추었을 때 사람은 평소보다 4배, 강아지는 40% 정도 옥시토신의 분비가 늘어난다고 한다. 반려인과 함께 지내는 고양이보다 강아지에게서 옥시토신 분비가 5배 많이 나온다는 사실은 오늘날 왜 강아지가 인간과 가장 가까운 반려동물이 되었는지를 설명해준다.

강아지들은 시각적인 몸짓언어와 청각적인 음성언어 2가지로 사람들과 의사소통을 한다. 이 중에서도 자신의 의사를 대부분 꼬리나 다리, 고개, 귀 등 몸의 일부분이나 몸 전체를 사용하는 카밍 시그널로 전달한다. 말 못하는 반려견과 생활하기 위해서는 평소 행동 특성을 잘 파악해 강아지가 사람과 같이 살아가는 데 필요한 기본적인 내용들을 교육시켜야 한다.

반려견과 함께하기 위한 필수 기본 교육

신생아로 태어난 인간은 혼자 걷고 스스로 용변을 해결하며 밥을 먹는 데만 최소 3~5년이 걸린다. 갓 태어난 강아지들도 사람들과 같이 살아가는 방법을 익히는 데는 최소 6개월~1년의 기본적인 학습 기간이 필요하다. 맨 먼저 신경 써야 하는 것은 '용변 교육'이다. 집 안의 정해진 장소나 패드에서 대소변 보기와 실내와 실외에서 모두 용변을 볼 수 있게 하는 것이 좋다.

그다음 필요한 것은 '앉아, 기다려, 이리 와, 엎드려' 등의 '기본 예절 교육'이다. 산책 시 사람들과 다른 강아지를 만났을 때, 집에 방문객이 왔을 때, 주변에 오토바이나 자전거, 달리는 사람 등 빠르게 움직이는 것을 볼 때 강아지들은 흥분하기 쉬워 사고가 날 수 있다. 이때 기본 예절 교육이 잘되어 있으면 반려견들이 쉽게 흥분하지 않고 차분히 행동할 수 있다.

생후 3~14주까지 사회화 형성에 결정적 시기에는 다양한 사물과 사람들과 다른 강아지들 및 소리에 두려움을 느끼지 않도록 하는 '반려견 사회화 교육'이 꼭 필요하다. 이때는 반려견이 산책에 대한 긍정적인 경험을 갖도록 해야 한다. 사회화 교육은 결정적 시기에 특별히 신경 써야 하지만 동시에 평생 진행해야 한다.

교육과 놀이는 문제 행동들을 줄인다

반려견과 같이 생활하다 보면 여러 문제 행동들을 경험할 수 있다. 배변 실수, 낯선 사람들과 강아지에 대한 공격성, 물건 물어뜯기, 산책 시 두려움, 혼자 있을 때 짖기, 새로운 공간이나 특정 사물에 대한 두려움 등 실로 다양한 문제 행동들이 나타날 수 있다. 이런 것들은 대부분 반려인과의 산책이나 놀이 등 기본적인 본능을 충족시켜 주지 못했기 때문에 생겨나는 것이 대부분이다.

야생의 늑대들이 진화를 거쳐 오늘날 사람들에게 둘도 없는 동반자가 되었지만 아직도 그들 몸속에는 야생에서 먹이를 포획하고 무리와 같이 뛰어다니며 거친 산야에서 살던 본능이 남아 있다. 그러나 오늘날 많은 반려견이 아파트 등 제한된 공간에서 온종일 잠만 자며 야외생활을 충분히 하지 못한다. 이로 인한 부적응들이 쌓여 결국 반려견의 문제 행동으로 나타난다.

반려견들의 이런 문제 행동들을 계속 방치하면 고질적인 행동들로 고착되어 질병이나 과도한 스트레스 등으로 반려견의 수명에도 영향을 주므로 이런 문제 행동들은 조기에 찾아내 바로잡아

쉬야 한다. 앞에서 설명한 예절 교육이나 배변 교육 그리고 사회화 교육들을 올바르게 진행할 경우 이런 행동들은 대부분 없어지며 강아지의 본능을 자극시켜 감각을 일깨워주는 일상에서의 행동 풍부화 교육과 놀이 또한 인간 사회에 적응을 위해 필요하다.

강아지들은 반려인을 절대적으로 신뢰하며 같이 있는 동안 수시로 반려인의 얼굴과 눈을 쳐다보며 감정을 읽으려고 노력하기에 반려인이 올바른 리더 역할을 하는 것이 반려견 교육의 성공과 실패의 요인이다.

감정적인 행동을 절제하고 반려견이 행동할 때까지 차분히 기다려줘야 한다. 반려견의 행동에 대해 일관성을 갖고 대응하는 것, 벌보다는 칭찬으로 교육 효과를 높이는 것, 산책, 노즈워크 놀이 등으로 소통하려는 노력이 올바른 반려인 리더를 만들며 결국 문제 행동을 줄이는 방법이다. 반려견 교육은 훈련사나 행동교정사에게 맡기기보다 그들에게 교육 방법을 배워서 반려인이 직접 참여하는 것이 반려견에게 훨씬 더 효과적이고 좋은 영향을 미친다.

개의 본능을 잃지 않게 하는 것의 의미

반려견들의 행동 풍부화는 야생에서 느낄 수 있는 비슷한 조건들을 인위적으로 경험할 수 있게 만들어주는 것이다. 이를테면 다양한 경로의 산책이나 산행, 캠핑 및 풍부한 야외생활 경험하기, 공이나 원반 던지기 놀이, 반려견 카페 및 공원 산책 등이 외부에서 하는 대표적인 풍부화 활동들이다.

시간이 부족한 반려인들이라면 실내에서라도 먹이 주는 방법 바꿔주기, 잠자리 등 기본 동선 변경하기, 다양한 장난감 놀이와 노즈워크 등을 통해 반려견들이 일상생활을 지루해하지 않고 그들의 본능과 감각들을 자극받도록 해주어야 한다.

사회화와 기본 예절 교육 및 배변 교육이 사람들과 같이 살기 위한 최소의 교육이라면, 행동 풍부화는 반려견의 감각을 자극해서 이들이 강아지답게 행복하게 살게 해주는 능동적인 교육이다. 눈 맞추기 등 공감 능력을 키워주는 것은 행복한 반려생활을 위해 사람과 강아지 양쪽 모두에게 꼭 필요한 교육과정이다.

사람과 같이 살려면 사회화가 우선

반려견 사회화는 강아지가 평생을 살아가는 데 있어 정신적, 육체적으로 영향을 준다. 사람과 새로운 사물, 소리나 공간에 대해 거부감 없이 자연스럽게 받아들이게 하는 반려견의 사회화는 사람과 같이 살아가는 데 산책과 더불어 가장 중요한 핵심적인 교육이다.

반려견들은 외출 시에 다른 강아지와 사람들을 만나고 다양한 사물들을 보며 또 여러 소리를 접하게 되고, 병원, 공원 등 새로운 공간에 가야 하는 일들이 많다. 이때 강아지들은 외부인이나 다른 반려견과 사물들에 큰 두려움을 느끼고 새로운 소리나 공간에도 스트레스를 받는 것이 일반적이다. 이때 외부 자극 요인인 다른 사람이나 강아지들과 사물들의 움직임에 덜 민감해지고 공격적인 반응이 나타나지 않게 하는 것이 반려견의 사회화 교육이다.

결국 반려견들이 새로운 세상에 거부감 없이 접근할 수 있게 하려면 먼저 반려인이 산책 시에 만나는 다른 사람들과 강아지들에게 열린 시각과 관대한 마음가짐을 가져야 한다.

결정적 시기가 사회화 성패를 결정한다

사회화 교육에서 가장 중요한 것 중 하나는 시기다. 앞서 말했듯이 보통 생후 5개월부터 강아지들이 두려움을 깨닫는 시기이므로 통상 생후 3~14주에 집중적으로 사회화 교육을 한다. 동물행동학자들은 이 시기를 '반려견 사회화의 결정적 시기'라고 한다. 일반적으로는 1~2세까지 집중적인 사회화가 필요한 시기이고, 3~5세가 지나면 강아지가 외부 환경에 훨씬 큰 두려움을 느끼게 되므로 이 시기의 사회화는 어렸을 때보다 더 어렵다.

동물 병원에서는 통상 5차 예방접종이 끝난 후 강아지 산책을 하라고 권장한다. 그러나 이럴 경우 사회화의 결정적 시기를 놓치게 된다. 따라서 접종 후 2~3주가 지나 항체가 생긴 다음에는 다른 강아지들과 접촉하지 않고 짧게 산책하거나, 강아지를 안고 나가 외부의 여러 소리와 낯선 사람과 사물들에 익숙하게 해주는 것이 사회화 성공의 중요한 포인트다.

결정적 사회화 시기에는 아침저녁 2회의 산책은 필수다. 아직 두려움이 많은 반려견이라면 인적이 드문 조용한 산책길에서 반려인과 둘이 식물들과 땅 냄새를 맡는 것부터 시작하고, 조금씩 난이도를 높여 다른 강아지들을 만나는 등 점진적인 변화를 줘야 한다. 반려견이 두려워한다면 역효과가 날 수 있으니 바로 중지해야 하고 칭찬과 간식으로 적절한 보상을 해주면서 반려견이 흡수할 수 있는 수준부터 서서히 진행해보자.

사회화의 주된 교육 내용

사회화는 유전적 성격에 따라서 흡수율이 다르므로 시중에 나와 있는 방법이나 교육 기간 등은 모든 반려견에게 똑같이 통용되지 않는다. 그렇기에 각 반려견이 따라올 수 있는 수준의 교육과정과 진도에 맞는 맞춤 교육이 필요하다. 사회화 교육과정은 외부의 반려견 전문 행동교정사나 훈련사가 진행할 수 있지만 반려인 자신이 하는 것이 훨씬 바람직하다. 반려견의 카밍 시그널을 가장 잘 알고 교감하며 소통할 수 있는 사람이 보호자이기 때문이다.

흔히 반려견 사회화라고 하면 어린 강아지 시절 무조건 많은 외부 환경에 노출되는 것이라고 알고 있지만, 사실상 사회화 교육은 외부의 낯선 환경 및 사물에 대해 긍정적인 경험을 하게 해주는 것이 훨씬 더 중요하다. 낯선 사람, 병원에서 나를 만지는 의사, 내 발톱을 만지는 미용사 등 사람에 대한 좋은 경험, 다양한 소리에 대한 좋은 경험, 다른 개를 만났을 때나 집 밖 외부의 새로운 장소를 방문할 때 호기심을 갖고 그곳에 대한 좋은 경험을 갖게 해주어 거부감을 없애는 것이다.

먼저 움직이는 사물(자전거, 오토바이, 킥보드, 차량)과 친구들이 짖는 소리에 대한 거부감을 줄여주는 것이 좋다. 그다음 낯선 사람, 동식물 및 새로 보는 물건들에 긍정적인 정서를 갖게 해줘야 한다. 이런 소리에 긍정적으로 반응할 수 있게 해주는 것은 본격적인 사회화 시작 전 예비학습으로 권장할 만하다. 너무 어리거나 예방접종 중이라 외출이 부담스러울 때도, 밖에 나가지 않고 집에서라도 다양한 소리를 녹음해 조금씩 들려주는 것도 좋은 방법이다.

사회화가 안 되면 나타나는 문제들

사회화가 되어 있지 않은 반려견들은 산책 시 만나는 사람이나 반려견뿐 아니라 오토바이, 자전거, 비둘기, 달리는 사람 등 갑자기 빠르게 움직이는 것에 대해 특히 두려워한다. 강아지들은 두려움을 느끼면 신경이 예민해지면서 공격성을 높이는 아드레날린과 혈압을 높이는 호르몬인 코르티솔이 분비되어 면역 기능이 저하되고 스트레스가 높아진다. 결국 사회화는 반려견의 정서적, 육체적 건강, 더 나아가 수명과도 아주 밀접한 관련이 있다. 사회화 교육이 잘못된 반려견들은 짖거나 공격성 등 심각한 문제 행동으로 진전하게 되며, 결국 이는 반려견 유기 또는 파양 등 사회문제까지 발전할 가능성이 높다.

나이 든 유기견을 입양해 사회화의 결정적 시기를 놓쳤어도 5세가 넘기 전에 적절한 사회화 교육을 해주는 것이 필요하다. 이런 경우엔 조급하게 진행하면 오히려 역효과가 나므로 반려견이 받아들일 수 있는 범위 내에서 점진적인 교육을 해주는 것이 요령이다. 아이들의 성격 형성에 결정적 영향을 주는 사회화 교육은 평생 계속되어야 한다는 것을 잊지 말자.

건강한 장수견 라이프를 꿈꾸다

강아지들의 건강한 삶과 장수를 위해서는 크게 5가지 기본 원칙이 잘 지켜지는 생활이 전제되어야 한다. 첫째는 균형 잡힌 식생활이 중요하다. 둘째는 양질의 산책이다. 셋째는 올바른 시기와 방법으로 진행되어야 할 사회화와 생활 속에서 본능을 자극해주는 행동 풍부화 놀이다. 넷째는 정기적인 건강검진으로 병을 조기에 찾아 치료해주는 것이며, 마지막 다섯 번째는 반려인과의 적절한 교감을 통해 반려견에게 심리적인 안정감을 느끼게 해주는 것이다.

반려견들도 자연에서 살던 대로 본능에 충실한 생활을 할 수 있어야 도심 속에서 스트레스를 해소하며 장수할 수 있다. 반려견에게 5가지 중 어느 하나라도 부족하다면 스트레스가 늘어나고 결국 육체적으로나 정신적으로 건강에 위협이 되어 반려견이 본래 가진 수명대로 살지 못한다. 반려견의 장수를 위해 그들이 사는 동안 생활 속에서 '행동 풍부화'를 통해 삶의 질을 높여주는 방법에 대해 알아보자.

반려견 스트레스 해소, 행동 풍부화

야생의 늑대 시절에 개들은 생존을 위해 먹이를 구하는 데 힘을 소모했지만 사람들과 같이 살게 된 이후 보호자가 주는 음식과 잠자리 덕분에 이런 불안 요인들은 없어졌다. 하지만 하루의 대부분을 보호자를 기다리는 단조로운 생활 속에서 문제가 발생한다. 이렇게 정신적으로 무료하고 육체적으로 장시간 움직임이 없어진 반려견들은 에너지를 분출할 다른 방안을 찾게 된다. 이것은 주로 집 안 물건 부수기, 짖기, 공격성, 분리불안, 강박 증세 등의 여러 가지 문제 행동으로 나타난다.

실내에서 생활하는 개들은 여러 스트레스를 받는데 하루 1, 2회 양질의 산책만 해줘도 대부분의 문제 행동들이 크게 줄어든다. 산책을 자주 못 하는 반려견들에겐 그들의 생활이나 환경을 풍부하게 해줌으로써 문제 행동을 줄일 수 있다. 반려견들이 가진 감각을 사용할 수 있게 인위적으로 본능을 자극하고 삶의 질을 높여주는 환경을 제공하는 것을 통칭해서 '반려견의 행동 풍부화'라고 한다. 이러한 행동 풍부화 노력으로 반려견들은 다양한 생활을 통해 삶이 더 윤택해지고 문제 행동들과 공격성이 감소하며 환경에 잘 적응할 수 있게 된다.

이와 같은 행동 풍부화 활동에는 인지 능력과 감각 자극을 풍부하게 하는 것과 사회적 관계나 행동 및 먹이를 풍부하게 해주는 방법, 생활하고 있는 물리적인 환경을 바꿔 그들의 다양한 감각들을 자극해주는 방법 등이 있다. 반려견 행동 풍부화는 절대 어렵거나 거창한 일은 아니다. 산책을 충분히 못 한다면 평소에 반려견의 다양한 감각을 자극해 지루한 일상을 변화시켜 줘야 한다.

이런 일상의 행동 풍부화는 평소 주는 먹이나 움직이는 동선, 놀이 방식이나 생활 속 집기의 위치를 바꿔주는 방법 등으로 할 수 있다. 반려인은 늘 이런 행동 풍부화를 삶 속에서 실천해야 한다. 최근에 개들이 받는 스트레스가 수명과 깊은 연관이 있다는 연구 결과들이 발표되고 있다. 스트레스를 받는 개들은 코르티솔의 분비가 늘어나 결국 질병에 걸리며 수명에도 결정적인 영향을 준다는 것이다.

감각 & 먹이 풍부화

반려견들이 다양한 매개물을 통해 스스로 생각하고 판단할 수 있게 정신적인 자극을 주는 방법이다. 냄새와 소리, 색깔, 맛과 음식의 질감 등을 활용해 반려견의 후각, 시각, 청각, 미각 등을 자극해서 새로운 환경을 느끼게 하는 것이 그 예시다. 반려견이 직접 터치하면 장난감에서 자동으로 간식이 나와 인지 능력을 자극해주거나 또 반려견 TV와 반려견이 좋아하는 음악으로 시각과 청각 그리고 미각을 자극해주는 방법들도 여기에 속한다.

또한 먹이를 주는 방법과 장소, 횟수와 패턴 등을 바꿔주거나 먹이의 종류나 질감 등에 변화를 줄 수도 있다. 우선 먹이를 주는 장소를 가끔 바꿔보면 좋다. 한 장소를 고집하기보다는 거실과 안방 등 장소를 변경하면 반려견은 새로운 느낌으로 음식을 먹는다. 또 음식 용기를 바꿔주거나 횟수나 패턴에 변화를 줄 경우에도 또 다른 느낌이 들게 된다. 간식도 그릇에 담아 주거나 손으로 주었다면 이번에는 빈 박스나 자동인형을 통해서 주는 방법과 노즈워크 방석을 활용하거나 보물찾기 놀이 등을 통해 집 안 구석에 간식을 숨겨놓아 냄새로 찾아 먹게 하는 것을 시도해보자.

영양적으로 균형을 이룬다고 가정하면 반려견에게 365일 똑같은 사료만 주는 것은 잘못이 아니다. 그러나 사람들과 같이 살아가는 반려견은 우리가 먹는 음식 냄새에 늘 흥미가 있어 먹고 싶어 한다. 가끔 좋은 자연 식재료로 만들어주는 특식은 이들에게 신선한 경험이며 그들의 후각이나 미각을 자극하는 최고의 먹이 풍부화 활동이다. 단, 이때 사료를 멀리하지 않게 접점을 찾는 것이 중요하다.

물리적 환경 & 사회적 행동 풍부화
물리적 환경의 풍부화는 반려견의 생활공간에 변화를 주어서 사는 공간을 탐색할 수 있게 해주고 다양한 움직임을 유도하는 행동 풍부화 프로그램이다. 여기에는 반려견이 사용하는 잠자리나 휴식 공간, 식사 공간 등 주로 생활 동선을 바꾸는 것들이 해당된다. 반려견이 사용하는 가구나 방 안 구조물을 바꾸어주고 움직이는 동선에도 변화를 줌으로써, 반려견이 이를 인지하고 새로움을 느끼게 해주는 것이 목적이다.

반려견도 인간과 마찬가지로 사회적인 동물이다. 먼 옛날부터 개들은 무리 지어 같이 생활하는 습성을 가지고 있어 혼자 있는 시간이 길어지면 우울감과 분리불안 등으로 힘들어한다. 사회적 행동의 풍부화는 보호자를 비롯해 다른 사람 및 강아지 친구들과 잘 어울려 놀 수 있는 환경을 조성해주는 것으로 대표적인 활동이 산책이다.

평소에 산책을 자주 못 해준다면 적어도 주말에라도 산책하거나 반려견 카페에라도 가서 다른 친구들과 만남을 통해 사회성을 길러주는 것이 필요하다. 산책 이외에도 달리기, 원반과 공놀이 및 산행, 수영, 캠핑, 자전거 타기 등 다양한 야외 활동을 하면, 반려견의 행동이 더 풍부해지고 야생과 유사한 환경에서 본능을 자극해줘서 스트레스를 줄이는 데 도움이 된다.

3장

펫코노미 시대 라이프스타일

펫코노미 시대의 도래

KB경영연구소의 〈2021 한국 반려동물보고서〉에 따르면, 2020년 말 기준 반려동물을 키우는 가구수는 전체 가구의 28%인 604만 가구이며 반려인구는 1,448만 명이다. 이 중에 반려견을 키우는 비율이 전체의 80.7%를 차지(586만 마리)하며 반려묘는 25.7%(211만 마리)를 점유해 개와 고양이 비중이 전체 반려동물의 대부분인 96%에 이른다. 우리 사회 네 집 중 한 집은 반려동물과 같이 살아간다는 얘기다. 1인 가구 확대와 고령화 및 저출산 등으로 이제 강아지나 고양이를 단순한 애완동물의 개념을 뛰어넘어 가족과 친구인 반려동물로 생각하게 되었다.

한국농촌경제연구원에 따르면, 국내 반려동물 시장 규모는 2020년에 3조 4,000억 원 수준이며, 2027년에는 6조 원대까지 성장할 것이라고 한다. 이처럼 반려동물들과 일생을 함께하는 반려인들은 이들에게 과감히 지갑을 열면서 연관되는 산업들도 동시에 꿈틀거리고 있다. 바야흐로 펫코노미 시대다.

반려동물을 가족으로 여기며 살아가는 펫팸족이나 아이 대신 반려동물과 같이 사는 딩펫족까지 우리 사회의 반려동물 인구는 지속해서 늘고 있다. 더구나 팬데믹으로 재택근무와 외부 모임이 줄어들면서 사람들은 사회활동 대신 집에서 일하며 반려동물과의 교감을 통해 팬데믹 시대를 힘겹게 버텨내고 있다는 방증이기도 하다.

펫코노미는 펫(Pet)과 이코노미(Economy)의 합성어로 반려동물 산업이나 경제를 의미한다. 반려동물을 가족으로 여기며 보살피는 펫 휴머니제이션(Pet Humanization) 트렌드는 펫코노미 시대를 가속화하고 있다. 반려견에게 가장 좋은 사료와 간식을 사주고 여행과 운동도 함께하길 원한다. 또 펫보험을 들어 병원 진료를 보장해주고 오랜 시간 혼자 있는 반려견을 케어하기 위해 인공지능 및 빅데이터 기술이 결합된 펫 테크 용품들도 적극적으로 활용한다.

펫코노미 시대 핵심 트렌드

펫코노미 시대의 도래는 단지 우리나라만의 현상은 아니다. 미국에서도 팬데믹으로 인해 자가격리나 재택근무가 많아지고 집에 있는 시간이 늘어나면서 '팬데믹 펫(Pandemic Pet)', '팬데믹 퍼피(Pandemic Puppy)' 등의 신조어까지 생길 정도로 전 세계적으로 반려동물 인구나 펫 산업 규모는 계속 커지고 있다. 펫코노미 시대에는 다음과 같은 몇 가지 핵심 트렌드들이 나타나고 있다.

반려동물과 연관된 새로운 일자리 창출

기존 직업군인 미용사나 훈련사, 펫시터와 도그워커 등 반려동물 관리사의 수요는 계속 증가하고 새로이 펫 택시나 펫 영양사, 펫요가와 마사지사, 장례지도사와 매개심리치료사나 펫유치원 등에 필요한 전문 인력 등 새로운 펫 영역의 일자리가 계속 생겨나고 있다.

펫 테크(Pet Tech) 산업

1인 가구에서 키우는 반려동물의 경우 혼자 있는 시간은 하루 평균 7시간이다. 이런 독신가구 반려인들에게 로봇 장난감과 자동 사료 급여기, CCTV와 배설물 처리기 등은 오랜 시간 혼자 있을 반려견들에 대한 걱정을 상당 부분 덜어준다. 〈2021 한국 반려동물 보고서〉에 따르면, 전체 반려동물 가구 중 펫 테크 용품을 이용하는 가구수가 전체의 64.1%다. 1~2인 반려가구 증가와 반려동물을 인격체로 대우하는 펫 휴머니제이션 트렌드로 인해, 향후 펫 테크 시장 규모는 가파르게 성장할 것으로 보인다.

펫 테크 제품들의 핵심 키워드는 건강과 소통이다. 휴대폰을 통해 반려동물의 건강 상태를 확인하거나 반려견의 감정을 읽어주는 웨어러블 스마트 기기와 대소변으로 건강을 진단해주는 검사 키트 등 건강 관련 펫 테크 제품들이 속속 출시되고 있다. 또 모래 세척을 해주는 반려묘 자동 화장실과 반려견 몸에 부착해서 움직임 및 건강 이상 정보를 제공해주는 스마트 액세서리 등도 상용화되고 있다.

펫프리미엄 라이프 시장

펫프리미엄 바람은 사료 등 펫푸드 분야에서 거세게 불고 있다. 반려인들이 케어 비용 중 사료 구입비에 쓰는 비용은 전체의 1/3로 가장 많다. 반려인들은 '내 가족이 먹는다'는 생각으로 천연, 유기농 재료로 만든 자연식 사료에 과감하게 지갑을 연다.

사람이 먹어도 될 만한 재료와 공정을 거친 휴먼그레이드 사료에 대한 수요는 계속해서 늘고 있다. 지금까지 대부분의 프리미엄 사료는 수입 제품에 의존했으나 최근 국내 업체들도 홍삼, 유산균, 참치나 닭고기를 재료로 프리미엄 사료 시장에 경쟁적으로 참여하고 있다.

펫푸드 스타일리스트를 보유하고 영양, 맛, 디자인을 고려한 수제 간식을 출시하는 업체들도 늘어나고 있다. 동결건조 간식과 북어, 단호박, 고구마나 연어 등을 활용한 다양한 수제 간식들은 물론, 펫밀크 제품과 펫베이커리가 출시되고 있다. 또한 노령견이나 아픈 반려견과 어린 강아지들, 정상적인 사료나 식사가 힘든 반려견들을 대상으로 한 맞춤형 식사나 수제 간식들도 속속 생겨나고 있다. 신선도를 위해 매일 아침 수제 푸드를 새벽 배송하는 반려견 식품 업체도 영업 중이다.

이렇듯 사람들이 누리는 수준과 동일한 품질로 반려동물에게 특별한 제품이나 서비스를 제공하고 싶어 하는 소비심리가 확산 중이다. 이러한 트렌드는 식품뿐 아니라 반려동물 생활용품 전반에 걸쳐 나타나 프리미엄 제품의 소비를 촉진하고 럭셔리 제품과 서비스에 대한 소비로까지 번지고 있다.

펫보험과 금융 산업

반려인들의 최대 관심사 중 하나는 바로 의료 서비스와 반려동물에 대한 보험이다. 나 같은 경우도 근돌이의 디스크 치료를 위한 병원비가 적지 않게 부담된다. 국내에서는 아직 보험이 활성화되지 않아 동물 병원을 찾는 반려인들은 고액 진료비를 부담스러워한다. 최근 국민은행에서 반려동물 관련 펫신탁 상품을 내놓았고 신한은행에서는 반려동물 상품과 서비스를 제공하는 플랫폼을 출시 중이며 메리츠와 DB 등 4개 보험사에서는 펫보험을 운영 중이다.

현재 반려동물 보험은 보장성에 비해 보험료가 높아 가입률은 미미한 편이나 향후 보험 가입 의사가 있는 비율은 20% 정도로 높게 나타났다. 아직은 펫보험에서 보장되는 비율이 크지 않아 보험 대신 적금으로 치료비에 쓰는 반려인들이 더 많다. 그러나 반려동물들의 평균수명이 늘어나고 노령의 반려동물들이 증가하는 트렌드에서 보험사도 반려동물 시장을 선점하기 위해 유럽 등 보험 선진국을 벤치마킹한 보험상품들을 적극 개발할 것이다. 또 향후 반려동물 전문 보험사도 생겨날 가능성이 있어 반려동물 보험시장에도 커다란 변화가 있을 것으로 전망된다.

다양한 펫서비스 영역의 분화

현재 각종 펫 관련 서비스들은 그동안 사람을 대상으로 하던 서비스 수준까지 이르렀다. 반려동물과 같이 요가와 명상을 하고, 아침 출근길에 펫유치원에 반려동물을 맡기거나 혼자 있는 반려동물들을 위해 펫TV를 틀어주어 외로움을 덜 느끼도록 배려해준다. 휴가 때는 펫 전용 호텔에서 스파를 즐기고, 반려인이 집을 비울 때 펫시터 시스템에 돌봄을 위탁하는 등 펫 관련 서비스들이 점점 다양화되고 고급화되고 있다.

최근에는 코로나19의 영향으로 의료 상담과 문진, 장례 대행 등 펫 관련 비대면 서비스도 등장했다. 특히 펫팸족들은 가족처럼 여기는 반려동물이 세상을 떠날 경우 사람과 똑같은 방법으로 장례식을 해주길 원한다. 심지어 반려인이 먼저 세상을 떠날 경우 남아있는 반려동물의 케어를 위해 유산을 물려주거나 유언을 남기는 반려인들도 생겨나고 있다.

펫코노미를 견인하는 핵심, MZ세대

반려동물 인구가 늘어나면서 반려동물 관련 산업도 덩달아 커지고 있다. 저출산 기조와 1~2인 가구들이 늘어나 가족들 대신 반려동물과 지내는 인구가 많아지면서 반려동물들에게 지출되는 비용을 아까워하지 않는다. 대부분의 펫팸족과 딩펫족들은 소위 MZ세대인 10~40대 초반으로 이들이 반려동물 산업의 새로운 소비 트렌드를 주도하는 펫코노미 시대의 핵심 주체들이다.

이들은 대부분 미혼이거나 결혼 후에도 자녀를 가지지 않는 딩크족들과 간혹 1명의 자녀를 둔 소가족이어서 프리미엄 사료와 간식 및 펫 테크 제품 등 전문 용품에 대한 구매력이 상대적으로 높다. 또한 이들은 첨단기기에 익숙한 디지털 세대다. 직장에 출근한 후 반려동물이 혼자 남아 있는 시간 동안 반려견들의 움직임과 건강 관리 및 기본적인 케어를 위해 펫 테크 제품들을 적극적으로 사용하며, 첨단 디지털 케어 상품에 우호적이다.

펫코노미의 미래 비전과 전망

팬데믹 시대에 길어진 자가격리와 재택근무 등으로 전 세계적으로 반려동물을 입양하는 인구가 늘면서 2021년 글로벌 펫케어 시장도 전년 대비 연 7.7% 성장한 174조 원 규모까지 커지고 있다. 미국과 일본, 유럽 등 선진국에서도 반려동물 인구는 꾸준히 늘어나 펫코노미의 성장은 지속될 것으로 보인다.

글로벌 시장조사 기관인 유로모니터는 코로나19가 종식될 것으로 예상되는 2022~2026 시즌에도 글로벌 펫시장은 연 7% 정도씩 성장할 것으로 예상했다. 대부분의 선진국에서 이미 성숙기에 들어섰다. 따라서 펫푸드 시장은 완만하게 늘어나고 펫 테크 용품이 전체 펫 산업을 주도하며 성장을 견인할 것으로 전망한다. 또한 펫신탁 상품과 펫보험 및 의료 서비스와 연계된 각종 은행 및 보험 산업 분야에서도 커다란 진보가 있을 것으로 보고 있다.

그렇다면 한국 시장은 어떨까? 유로모니터는 2021년 한국 소비자들이 지출한 반려동물 마리당 펫푸드 연간 소비액이 글로벌 시장 평균인 118달러(13만 9,000원)를 넘어 135달러(15만 9,000원)에 달한 것으로 추정했다. 이 리포트에서도 팬데믹 시대인 2020~2021년 2년간 한국 펫시장은 양적인 성장을 넘어서서 질적으로도 성장한 해였다고 평가한다.

그동안 외국 사료사들이 독점했던 프리미엄 사료시장에 국내 업체들이 뛰어들어 글로벌 브랜드들과 치열하게 경쟁하고 간식시장은 더욱 세분화되면서 커지고 있다. 한국에서도 디지털 세대인 MZ세대가 반려동물 경제의 핵심으로 부상하면서 펫 테크 분야에서는 글로벌 시장 못지않은 성장이 지속될 것으로 전망한다.

그렇다면 향후 본격적으로 달아오르는 국내외 반려동물 시장에서 환영받으며 살아남는 분야와 승자들은 누구일까? 우선 삶의 질을 높이는 펫 테크와 의료 인프라, 식품산업과 펫보험 분야 및 펫여행 분야에서 치열한 경쟁 속에서 생존하는 업체들은 반려동물 업계와 산업 전체에도 긍정적인 영향을 줄 것이다.

그러나 사람과 동물 사이의 배려와 생명 존중의 문화가 밑바탕

이 된 환경을 만드는 것이 우선이며, 이런 환경에서 동물들과 인간이 공존하는 진정한 펫코노미 시대의 성숙한 문화가 자리 잡을 수 있으리라고 생각한다.

반려인의 세대 교체, 펫팸족과 MZ세대

우리 사회 반려동물 인구는 이미 1,500만 명에 근접했으며 네 집 중 한 집이 반려동물과 같이 살고 있다. 국민소득 3만 달러를 넘으면 반려동물과 공존하는 문화가 생활 깊이 자리 잡는다고 한다. 가까운 미래에 우리 동반자인 반려동물 문화와 돌봄 환경이 어떻게 변할지 알아본다.

예전에는 은퇴자나 홀로 사는 노인들이 말년의 외로움을 달래기 위해 반려동물을 키우거나 또 가족 구성원들이 있는 세대에서 반려동물을 입양하는 경우가 일반적이었다. 그러나 지금은 친구가 필요한 1인 세대와 결혼 후 아이 대신 반려동물을 키우는 펫팸족 등 젊고 새로운 형태의 반려가족들이 늘어나고 있다. 반려동물 용품 전시회에 가보면 입장객의 대부분은 2030세대 젊은 반려인들이다. 팬데믹 시대에 재택근무 및 유연근무제 등이 늘면서 집에서 반려동물을 돌볼 시간이 많아진 것도 젊은 반려인들이 늘어나는 이유 중 하나다. 최근 반려동물에게 돈을 아끼지 않는 펫팸족들인 MZ세대가 반려동물 시장의 새로운 핵심 소비 주체로 부상하면서 향후 반려동물 용품과 돌봄 문화에도 많은 변화가 감지되고 있다.

MZ세대 중 특히 펫팸족들은 반려동물을 양육하는 방법도 기존 세대들과 사뭇 다르다. 반려견이나 반려묘를 외부 시설에 맡겨 케어하는 것에도 개방적이고 프리미엄 용품과 서비스들을 선호한다. 이것은 일차적으로 사료와 용품 분야에서 두드러지게 나타나고 미용과 호텔, 의류 및 반려견 유치원, 여행, 보험 및 장례 서비스 등 전반적인 분야에서 새로운 추세로 자리 잡고 있다.

반려동물 용품과 돌봄 트렌드의 변화

MZ세대와 펫팸족의 등장은 반려동물 용품과 돌봄 문화도 바꾸어놓았다. 우선 MZ세대들은 반려동물을 혼자 돌봐야 하므로 최신 디지털 기술이 접목된 각종 반려동물 전용 스마트 용품들에 매우 적극적이다. 결국 이런 첨단 펫 테크 용품의 성장과 프리미엄화는 본격적인 펫코노미 시대에 성장을 선도하는 역할을 할 것이 분명하다.

또 독신 세대들이 외부 일로 늦게 귀가하거나 출장을 가야 할 때 혼자 남은 반려동물 케어에 필요한 자동 용품군(사료, 물, 패드 자동 교환)은 지금보다 훨씬 정교하게 거듭날 것이다. 반려인들은 자신들의 부재 시 반려견의 행동 패턴을 학습해 같이 놀아주거나 훈련을 도와주는 자동 장난감의 등장에 흥분한다. 병원에 가는 대신 오줌과 혈액 등으로 간단히 반려동물의 몸 상태를 체크하는 셀프 건강 관리 키트도 상용화되고 있어 많은 반려인들이 사용하는 날들이 앞당겨질 것으로 예상된다.

반려동물 인구가 급격히 증가하면서 1인 세대 직장인들은 혼자 있는 반려견과 반려묘의 산책과 돌봄을 챙겨주는 시간제 펫시터들이 필요하다. 반려인들이 장기간 출장으로 집을 비울 경우에도 반려동물을 위탁해서 보살펴주는 플랫폼들 그리고 반려동물의 양육 및 생활 관리, 여행과 병원 정보에 대한 펫 관련 전문 앱들도 점차 늘어나고 있다.

반려동물 케어에 부는 펫 테크 바람

초기 펫 테크 제품들은 주로 건강 관리나 배식 등에 집중되어 있었다. 그러나 이젠 빅데이터나 AI 기술을 접목해 반려동물의 행동 패턴을 학습해서 이에 맞게 움직이는 IT 장난감 및 훈련 도구, 신체 변화나 감정을 알려주는 감정 인식기, 맞춤형 헬스케어 기기와 반려동물 전용 로봇 등으로 그 영역을 점점 넓혀가고 있다. 또한 반려동물 위·수탁 돌봄 서비스나 산책 도우미, 수의사 상담 등을 제공하는 모바일 앱이나 플랫폼 등도 많은 반려인이 활용하고 있다.

매년 미국에서 열리는 국제전자제품박람회 CES(Consumer

Electronics Show)는 전 세계 기업들이 대거 참여하는 엄청난 종합전시회로, 2021년 전시회에서 첨단 ICT 기술을 결합한 펫 테크 제품들이 주목받았다.

국내 반려견 헬스케어 스타트업인 '펫펄스랩(Petpuls Lab)'은 반려견의 감정을 알려주는 웨어러블 기기 '펫펄스(Petpuls)'를 선보였다. 체임벌린 그룹(Chamberlain Group)은 반려견이 출입할 때 자동으로 문이 열리고 스마트폰 영상을 확인해 출입문도 직접 열어줄 수 있는 'MyQ 펫포털'을 출시했다. 이외에도 반려견의 맞춤형 훈련 모바일 앱을 만든 미국의 스니피 랩스(Sniffy Labs), 삼성전자가 선보인 펫케어 기능이 탑재된 로봇청소기 '제트봇 AI+', 반려동물을 잃어버릴 염려를 덜어줄 GPS 추적 기능이 들어간 반려견 목걸이 '왜그즈 프리덤(Wagz Freedom)' 등이 이번 전시회에서 전문가들의 이

| 펫 테크 제품 분류 |

분류	제품 내용	출시 제품명
훈련 용품	반려동물용 카메라, 훈련용 목줄, 무선 울타리(Wireless Fences) 등	• Wagz Freedom(미) • Sniffy Labs(미), U+IoT맘카(한)
건강 관리 & 추적 용품	반려동물 건강 모니터, 운동량 측정기, GPS 목걸이 등	• 이누파시(일), 펫펄스(한) • 유리벳10(한), 펫나우(한) • 어헤드 덴탈(한)
자동화 용품	반려동물 자동문, 자동급식기, 급수기, 자동 변기세척기, 쓰레기 관리 용품	• 라비봇2(한), Tolette(일) • 펫스테이션(한)
장난감	쌍방향 장난감, 전동식 장난감	• 피트니스 PRO(한) • Pebby Ball(미)
모바일 앱 & 소프트웨어	산책 및 돌봄 대행 앱, 건강 관련 앱, 온라인 커머스 앱, DNA 테스트 키트	• Felcana(영), Pawssum(호주) • 펫트너(한), 핏펫(한) • myQ Pet Portal(미)

목을 끈 첨단 제품들이다. AI 기술을 적용해 반려견의 행동을 학습한 후 거기에 맞게 대응해주는 반려견 놀이 및 교육 용품들도 계속 나오고 있는데, 향후 반려동물 시장은 IT 기술이 접목된 첨단 제품들이 새로운 성장을 주도할 것이 분명하다.

생명 존중 중심으로 발전할 펫 용품 문화

인간들이 반려동물들과 더 가깝게 의사소통하며 그들의 니즈를 충족하려고 노력하는 것은 결국 반려동물이 행복해지면 우리 사회에 속한 사람들도 더불어 행복해질 것이란 믿음에 기초한다. 이처럼 반려동물을 인간처럼 보살피는 현상인 펫 휴머니제이션은 향후 우리 사회 반려동물 문화를 바꿔놓을 것이 분명하다. 현재의 반려동물 케어 위주 상품에서 벗어나 생명 자체를 존중하는 문화와 건강 관리 및 반려인과의 쌍방향 소통에 중점을 두는 문화로 발전할 것으로 전망된다.

특히 20~30대 젊은 세대들이 다수인 펫팸족들은 향후 우리 사회의 반려동물 문화를 바꾸는 데 핵심적인 역할을 할 것으로 기대한다. 이들은 인생에서 자신이 가장 중요한 것처럼 반려동물들을 자신과 동일시하는 펫미족(PET+ ME)이 되는 것에 전적으로 동의한다.

반려동물 인구가 늘어나면서 생기는 새로운 현상의 하나는 노령견의 유모차 문화다. 노견들이 많아지면서 유모차를 노견이나 신체적으로 불편한 반려견 산책용으로 사용하는 반려동물 가족들이 많아지고 있다. 저녁에 근돌이와 산책하다 보면 유모차를 타고 산책하는 반려인들을 심심찮게 볼 수 있다. 부부들이 아기 대신 반려견 유모차를 밀고 다니는 모습을 목격하는 것도 최근엔 그리 어려운 일은 아니다.

이제 우리 사회에서는 누군가의 가족이 되거나 새롭게 가족을 들이는 것도 쉽지 않고 전통적인 가족 개념도 많이 바뀌는 중이다. 팬데믹 시대에 같이 살아가는 반려견과 반려묘들의 생명을 존중하고 그들의 삶을 우리와 동등하게 여기는 펫 휴머니제이션이야말로 우리 곁에서 가족으로 살아가는 반려동물들을 위해 인간들이 마땅히 성숙시켜야 할 문화다. 바야흐로 인간과 동물이 정답게 같이 살아가는 사회, 서로의 부족함을 채워주고 보듬어주는 사회로 가기 위해 반려동물 용품과 돌봄 문화도 진화하기를 기대해본다.

새로운 패러다임, 펫 휴머니제이션

펫 휴머니제이션이 불러온 팬데믹 퍼피

21세기는 반려동물과 사람을 동격으로 여기는 펫 휴머니제이션 시대다. 이런 현상은 전 세계적인 트렌드로 자리 잡아가고 있다. 수만 년 전 사람들을 도와주며 살던 개들은 이제 야생의 삶을 버리고 우리 사회 구성원으로 살아가기에 더 적합하게 길들여졌다. 이제 강아지와 고양이들은 당당하게 인간과 동등한 대우를 받으며 사람들과 안방을 공유하고 있다.

우리 사회는 1인 세대 및 노령인구의 급속한 증가로 전통적인 가족과 공동체들이 해체되면서 발생하는 근원적인 외로움을 대체할 수단이 필요했는데 반려동물이 이런 사람들의 마음에 파고들고 있다. 전체 가구의 70%가 반려동물을 기르는 미국에서도 '팬데믹 퍼피'라는 신조어가 생길 정도로 팬데믹은 우리 사회를 얼어붙게 만들었고, 재택근무로 반려동물들과 같이할 시간이 늘면서 반려인들이 급증하고 있다.

펫 휴머니제이션을 이끄는 MZ세대

펫 휴머니제이션 문화 이면에는 MZ세대가 큰 기여를 하고 있다. 반려동물을 가족으로 생각하는 펫팸족과 자녀 대신 반려동물과 같이 사는 딩펫족 그리고 반려동물을 나처럼 생각하는 펫미(PET-ME)족 등 이른바 MZ세대들은 펫 휴머니제이션 문화의 핵심 주체들이다.

나는 1년에 한두 번 정도 오프라인 푸들 동호회에 참석한다. 이 모임에서 자녀들 대신 반려견과 같이 사는 딩펫족의 실체를 확인할 수 있었다. 딩펫족들은 사람들이 사용하는 규모의 반려견 전용 용품장을 갖추고 수십 벌의 반려견 의류와 다양한 용품을 구비해서 모임의 성격에 따라 의상과 액세서리를 사용한다. 또 여행 후에는 반려견 전용 스파와 천연팩 등 반려견에게도 프리미엄 케어 서비스를 해주며 그들과 같이 동행하는 것을 주저하지 않는다. 사람이 먹는 수준의 휴먼그레이드 사료를 주고 반려견 전용 아이스크림, 우유, 치킨, 비스킷 등 각종 반려견 디저트도 주저 없이 구매한다.

어디 이뿐이랴. 1박에 수십만 원을 호가하는 펫 전용 호텔과 펜션을 이용하고, 숙소에서는 반려견과 헬스와 요가도 같이 한다. 혼자 있는 반려견들의 외로움을 달래주기 위해 도그TV를 틀어주거나 펫시터를 예약해 산책을 시켜주고 반려인과 같이 요가를 하는

등 그들과 모든 일상을 공유하길 원한다. 화장품 및 제약업계에서
도 반려동물 전용 화장품과 헬스케어 사업에 진출하고 있고 명품
브랜드 루이뷔통과 프라다는 수백만 원 하는 반려견 전용 캐리어
와 조끼, 재킷을 선보였으며, 몽클레르, 에르메스도 패딩을 비롯해
럭셔리 반려동물 용품들을 출시하고 있다.

펫 휴머니제이션 트렌드는 어떻게 변해갈까

반려동물과 좀 더 편하게 살고 싶은 트렌드를 반영한 반려동물
전용 오피스텔과 주택도 반려인들의 큰 호응을 얻고 있다. 반려동
물 오피스텔에서는 혼자 있는 아이들을 위해 하루 일정 시간 산책
등 돌봄 서비스까지 제공하고 있다. 여행업계에서는 반려동물들
과 편안한 동행을 하고 싶어 하는 반려인들을 위해 문턱을 낮추고
있다. 가장 먼저 제주에어가 기내에 동반하는 반려동물의 체중과
수를 '7kg/6마리'까지 늘려놓고 반려인들을 끌어들이고 있다.

영국에서는 '바로우 마이 도기(Borrow My Doggie)'라는 반려동물
을 빌려주는 시스템을 선보였는데 팬데믹 시대에 며칠씩 반려동
물과 같이 생활할 수 있는 서비스로 좋은 반응을 얻고 있다. 미국
에서도 팬데믹 시대에 이성 친구를 만나기 어려운 환경에서 반려
동물을 매개로 새로운 만남의 기회를 제공하는 신종 데이팅 앱인
DIG가 유행하고 있다. 프랑스에서는 장차 펫 숍에서 반려동물 판
매를 금지하고 돌고래나 호랑이, 사자 등 동물 서커스도 중단하는

법안을 마련하는 등 유럽에서는 사고파는 기존의 반려동물 문화를 바꾸기 위해 부단히 노력 중이다.

우리도 1인 세대의 증가는 계속될 것이고 노인들이 가족 대신 반려동물들과 지내는 비율도 더 늘어날 것이다. 이렇게 되면 반려인의 사후 반려동물들의 케어를 위해 연금신탁과 보험상품도 확대될 것이고, 남겨진 강아지나 고양이를 위한 유산상속 문제도 쟁점이 될 것으로 보인다. 1년에 한두 번씩 오는 혈육보다는 매일 같이 있는 반려견이나 반려묘에게도 일정 재산을 남겨 노후를 보장해주고 싶어 하는 반려인들이 점점 늘어날 것이기 때문이다.

사람들과 마찬가지로 반려동물들도 점차 노령화되어 가고 있다. 반려동물과 생활하는 데 가장 큰 애로 사항은 아프거나 나이든 반려견의 의료비와 시스템 문제다. 이런 문제를 파고들어 향후 반려인들이 접근하기 쉬운 의료 인프라 구축의 사업화에 승부를 거는 스타트업도 있다. 이들은 반려동물들의 변이나 혈액 등으로 간단하게 건강 문제를 알려주거나 또는 화상으로 아픈 반려동물의 상태를 확인하고 적절한 처방을 해주는 방식으로 병원에 가지 않고 케어할 수 있는 의료 시스템으로 좋은 반응을 얻고 있다.

펫 휴머니제이션의 어두운 그늘

많은 반려인이 펫 휴머니제이션을 외치는 중에도 동물들의 삶은 여전히 열악하다. 강아지 생산공장의 강제 번식과 경매 및 불법유통, 한때 가족이었던 아이들을 버리는 유기견의 실상, 교육을 핑계로 자행되는 가혹한 체벌들과 동물서커스, 실험견들의 현실은 우리를 슬프게 한다. 동물복지 차원에서 보면 반려동물에게 사람과 똑같은 서비스를 누릴 수 있도록 하는 것보다 그들에게 해서는 안 될 일들을 줄이고 금지하는 것이 우선이다. 그들은 아직도 우리가 보호해줘야 할 약자들이며 엄연히 존중받아야 할 생명체들이다.

디지털 세대인 이들은 소셜미디어를 활용해 반려동물과 같이하는 여행과 일상생활을 실시간 SNS에 알리고 싶어 한다. 말없는 동물들을 배려하고 그들과 교감하는 노력은 실제로 우리 사회의 약자들과 더불어 살아가려는 노력이고 생명 존중이며 결과적으로 인간을 포함한 생명체에 대한 관심과 사랑을 실천하는 휴머니즘이다.

2020년 한 해에 우리나라 유기 반려동물 수는 13만 마리로 추정되며, 이 중 30%만 재입양되고 20%는 결국 안락사로 생을 마감한다. 펫 휴머니제이션은 반려동물들이 학대나 유기, 도축, 강제 생산공장 및 유통의 비인도적인 환경에서 벗어나 생명체로서 존중받고 살아갈 수 있는 최소한의 환경을 만드는 것에 중점을 두어야 한다. 오늘날 개 식용 문제는 뜨거운 화두가 되고 있다. 식용으로 사육한다는 명분으로 친구로 살아온 개를 먹는 문제는 이제 선진국인 한국에서도 사회적인 합의를 통해 최우선적으로 중지해야 할 가장 시급한 문제다.

2011년 일본 후쿠시마 원전사고로 재앙이 닥쳤을 때 반려동물들에 대한 사람들의 민낯이 그대로 드러났다. 축사에 묶인 소와 말, 돼지들은 말할 것 없지만 삶을 같이했던 강아지와 고양이들을 그대로 방치한 채 사람들은 마을을 황급히 빠져나갔다. 세상은 후쿠시마를 떠나는 사람들을 격려하고 지원했지만 폐허 속에 남아 무한의 고통을 느끼며 주인을 기다리던 동물들에게는 끝내 침묵했다.

사람과 함께 살아온 동물들은 비록 그들이 버림받았다는 것을 알고도 주인을 끝까지 기다린다. 뒤늦게 사람들은 발을 동동 구르며 후쿠시마에 남겨진 동물들을 구조하지 못해 안타까워했다. 이 사건은 우리 사회가 큰 재난 시에 사람과 함께 동물들도 구조해야 한다는 의미 있는 깨우침을 주었다.

진정한 펫 휴머니제이션이란

한 국가의 위대함과 도덕적 수준은 그 나라가 동물들을 어떻게 대하는지를 보면 알 수 있다는 마하트마 간디의 말은 많은 생각을 하게 한다. 반려동물을 사람처럼 대하는 문화가 자리 잡으면 우리 사회는 많은 것이 바뀔 것이다. 외로움과 상실감으로 힘들어하는 독신 및 노인들에게는 새로운 가족인 동물들이 생명체로서 존중받으며 같이 사는 문화를 만드는 것은 결국 우리가 더 인간답게 살아갈 수 있는 환경을 만드는 것이다.

　반려동물 선진국인 스웨덴이나 독일 등 유럽의 반려동물 문화를 마냥 부러워할 것만은 아니다. 우리 지자체에서도 반려동물 문화와 산업을 연계하는 다양한 시도들이 진행되고 있다. 여주와 오산시에서 반려동물 테마파크 등 복합문화 시설을 조성하고 있고, 춘천시는 사람과 동물이 함께 사는 반려동물 동행도시를 콘셉트로 브랜딩을 추진하고 있으며, 순천과 제주도는 반려동물들과 여행하기 가장 좋은 특화도시 프로젝트가 진행 중이다. 또한 여러 지자체에서 반려동물 전문가와 산업을 육성하기 위해 산업계 및 학계와 연계하는 'K-펫 프로젝트(K-Pet Project)'를 추진 중에 있다.

건강한 펫 문화의 정착이 절실하다

　유럽은 동물과 인간이 공존하는 사회를 만드는 노력이 쉼 없이 계속되고 있다. 일주일에 한 번 반려동물과 같이 직장에 출근하는 회사도 늘어나고, 반려견이 세상을 떠날 경우 경조휴가를 주는 회사들도 생겨나고 있다. 병세가 많이 악화된 노인들이 집에서 기르던 반려견을 요양원에 데리고 가서 얼마 남지 않은 생을 그들과 함께할 수 있다면 얼마나 행복할까? 실제로 이런 일들이 일부 나라에서 일어나고 있다. 또 반려견들이 목줄 없이 자유롭게 산책할 수 있는 산책 공원들이 늘어나는 것도 미국과 유럽에서 볼 수 있는 성숙한 펫 문화들이다.

유럽이나 일본의 펫 문화는 특히 눈여겨볼 만하다. 우선 독일은 반려동물 관련 세금을 걷고 교통수단 이용 시에 교통비를 내야 하며 하루 1시간 이상 반려견 산책을 의무화하는 등 입양 조건이 까다롭기로 유명하다. 네덜란드는 범죄경력자는 반려동물 입양이 금지되며, 스위스는 반려동물들이 목줄 없이 돌아다니는 것을 권장한다.

또 스웨덴은 하루 5시간 이상 목줄 없이 자유롭게 이동하고 운동할 수 있는 여건이 되어야 반려견을 입양할 수 있는 등 입양 조건들을 명문화하고 있다. 일본은 반려동물 전용 요양원이 생겨 노년층들이 힘들어하는 고령의 반려동물을 돌봐주고 있는 것도 우리가 부러워해야 할 펫 트렌드다.

펫 휴머니제이션은 결국 생명 존중

동물에 대한 감수성은 인간에 대한 감수성과 깊은 연관이 있다. 일상적으로 접촉하는 현대사회의 동물들은 우리 인간들의 정신적, 육체적인 건강과 행복에 밀접하게 관련되어 있다. 사람과 동물 사이에서 형성된 배려와 생명 존중의 문화는 사람들 사이에서도 똑같이 유효하기에 우리가 인간답게 살기 위해서는 같이 사는 반려동물에게도 일상을 행복하게 살아갈 수 있는 환경을 만들어줘야 한다. 오늘날 우리가 맞고 있는 팬데믹도 인간들이 동물들의 생태계 내 공용 공간을 독점하고 질서를 파괴하는 데서 비롯된 결과물이다. 동물 생태계에 문제가 생기면 인간 사회에도 고스란히 영향을 미친다. 공장식 축산농장에서 생산되어 인간의 식탁에 오르는 가축들은 열악한 환경에서의 스트레스로 면역력이 약해져 결국 코로나19와 아프리카 돼지열병, 구제역, 조류 인플루엔자라는 신종 인수공통 전염병들의 숙주 또는 매개자 역할을 하고 있는 것이다.

일부 반려인들처럼 강아지들에게 더 좋은 사료와 간식을 제공하고 좋은 옷을 입히는 것 그리고 훌륭한 숙소에서 바캉스를 같이 보내는 것이 펫 휴머니제이션이라고 여기는 것은 편향된 생각이다. 아직도 우리 사회 어두운 곳에서 자행되는 강아지 강제 생산, 경매 그리고 펫 숍에서 거래되는 생명들과 하루 350마리씩 버려지는 유기 동물들을 보면 우리의 반려동물 문화는 새롭게 전환해야 할 많은 과제를 안고 있다.

인간들은 지구 공동체의 일원으로서 진정으로 동물들과 교감하며 생명 존중 사상을 가지고 그들을 대해야 한다. 또한 약자인 반려동물들의 복지를 위해 인간으로서 하지 말아야 할 일들을 즉각 중단하는 것이 올바른 펫 휴머니제이션 문화로 가기 위해 우선적으로 해야 할 일이다.

펫 관련 직업이 늘어난다

옥스퍼드대학교 칼 베네딕트 프레이(Carl Benedikt Frey) 교수 연구팀은 2015년에 발표한 보고서 〈고용의 미래: 우리의 직업은 컴퓨터화(化)에 얼마나 민감한가〉에서 향후 20년 이내에 현재 직업의 47%는 사라질 가능성이 크다고 밝히고 있다. 급속한 과학기술의 발전, 고령화와 세계화는 지금까지 유지되어 왔던 일반적인 직업군들을 대부분 도태시켜 버린다는 것이다. 그런데 이 보고서 내용에서 주목할 점은 감성이나 감정과 관련한 직업군들은 시간이 지나도 다른 직업으로 대체되지 못하고 여전히 살아남아 더욱 활성화된다는 것이다.

현재 우리나라도 저출산 및 고령화 시대에 접어들면서 반려동물을 새로운 가족으로 입양해서 살아가는 반려인들이 급속히 늘어나고 있다. 이제 전체 가구 중 약 30% 정도가 반려동물과 같이 살고 있고 최근 몇 년간 반려동물 시장은 매년 14% 이상 증가하고 있으며 2027년에는 시장 규모가 6조 원에 달할 것으로 예상되고 있다.

반려동물 시장은 급속도로 커지고 있지만 우리 사회의 반려동물 관련 직업은 여전히 체계적이지 못하다. 전문가 양성을 위한 학계나 산업계의 시스템도 이제 막 걸음마 단계를 넘어섰다는 평가를 받는다. 그러나 향후 고성장이 예상되는 반려동물 시장이 필요로 하는 전문 인력의 수요는 상당히 많을 것으로 예상되어 이제부터라도 체계적인 인력 공급 및 시스템 확충 노력이 필요하다. 현재 시점에서 반려동물 산업의 대표적인 직업군들에는 어떤 것들이 있는지 정리해본다.

펫 관련 직업의 세계

반려동물 관련 직업군을 크게 나누면 사료, 식생활 및 반려동물 용품의 생산과 유통 관련 직업군이 있고 이외에 큰 비중을 차지하는 건강 관련 직업군과 교육 훈련과 놀이 관련 직업군, 미용, 패션 관련 그리고 기타 직업군으로 구분할 수 있다.

다음 페이지에 나와 있는 표를 통해 좀 더 자세한 내용을 확인할 수 있다.

직종	직업	주요 업무
건강	수의사 / 반려동물 간호사	동물 병원 의사 및 간호사 업무(동물보건사)
	애니멀 테라피스트	동물을 활용한 심리치료를 도와주는 전문가
	반려동물 장례지도사	반려동물의 장례를 도와주는 장례 전문가
	반려동물 재활치료사	반려동물의 재활을 맡아 치료하는 재활치료 전문가
교육 / 훈련	훈련사 / 행동교정사	반려동물의 훈련 및 교육이나 행동을 교정해주는 전문가
	핸들러	도그쇼에 출전하는 반려견의 워킹을 담당하는 전문가
	반려견 유치원 교사	위탁 중인 반려견의 케어를 담당하는 돌봄 전문 인력
	펫시터 / 도그워커	보호자 대신 반려동물의 산책, 돌봄을 담당하는 인력군
생산 / 유통	브리더	반려동물의 종 관리 및 생산을 책임지는 전문가
	펫 숍 운영자	반려동물 용품 유통 및 판매 전문 인력
	펫 유통 경매인	반려동물의 유통을 담당하는 중개 인력
미용 / 패션	미용사	반려동물의 미용 전문 인력
	아로마 테라피스트	아로마로 반려동물의 분리불안, 공격성 & 심리치료를 돕는 전문가
	패션 & 용품 디자이너	반려동물의 옷과 용품을 제작하는 용품 디자이너
기타	펫보험 & 금융 설계사	반려동물의 보험과 금융을 전문적으로 설계해주는 펫보험 전문가
	애견카페 & 테마파크 운영자	반려동물 놀이터 및 테마파크 운영 인력
	펫푸드 스타일리스트	사료, 간식이나 처방식을 만드는 펫 음식 전문가
	기타 신종 직업군	펫 택시, 펫 인테리어 전문가, 펫 테크, 펫 제약사, 펫 여행 플래너, 펫 요양원 인력 등
	연구원 / 공무원	공항검역관, 수의학연구원, 동물영양학자, 생명과학연구원, 공무원

반려동물 관련 직업의 미래

각 지자체들은 반려동물 산업을 미래의 유망산업으로 보고 관련 산업의 인력 양성과 일자리 창출에 적극적으로 나서고 있다. 현재는 미용업, 판매업과 위탁관리업 등이 대세를 이루고 있다. 최근 지자체에서 경쟁적으로 반려동물 놀이터 및 문화센터와 교육훈련 테마파크 등을 건립하면서 자체적으로 필요한 반려동물 산업 관련 인력 양성과 일자리 프로그램을 적극적으로 강화하고 있다. 이들 지자체들은 지역의 대학들과 연계해서 산학 연계 프로그램을 통해 지역 내 반려동물 산업 클러스트 구축을 본격적으로 준비 중이다.

반려동물학과를 개설 중인 대학에서도 반려동물 산업의 성장세에 맞춰 커리큘럼을 재정비하고 학생들을 적극적으로 모집 중이다. 현재 전국의 대학에서 수의학과를 운영 중인 4년제 대학은 서울대학교와 건국대학교를 포함해 총 10곳이며 반려동물 관련 학과를 포함한 관련 대학 수는 50여 곳으로 늘어났다. 이들 대학에서는 대부분 수의학과와 반려동물학과를 개설해 운영 중이나 일부 대학에서는 특수동물학과나 동물생명과학과, 말산업 융합학과 등 특별한 동물학과를 운영하고 있다. 또 대부분의 전문대에서는 훈련과 미용, 보건간호학 등 실용 학문 중심으로 교육과정을 운영 중이다.

우리나라는 아직 반려동물 관련 국가 자격증은 없으며 2022년부터 동물보건사 자격증(현재의 동물 병원 간호사) 도입을 예고하고 있다. 그러나 현재 사설학원에서는 장례지도사, 행동교정사, 반려동물 관리사, 반려동물 미용사, 동물매개 심리치료사 등 여러 가지 반려동물 전문가 과정에 대한 자격증반을 활발히 운영하며 학원 자체적으로 민간 자격증을 발급하고 있다. 이와 같은 반려동물 관련 학과를 이수하거나 자격증을 취득할 경우에는 동물 병원 등 건강 관리 시설, 훈련이나 교육 시설, 반려동물 용품의 생산 및 유통 관련 업체, 미용사, 반려동물 놀이 시설이나 동물원 및 다양한 반려동물 관련 일을 할 수 있다. 반려동물 관련 직업군들도 점차 전문적인 특수직업군으로 확대되는 중이다.

오늘날은 사람들이 의료기술 발전으로 백세시대를 누리듯 반려견 또한 20세 시대를 바라보고 있다. 일본과 선진국은 이미 노령 반려동물들의 요양원과 호스피스 시설 등이 인기를 끌고 있으며 이들 시설에서는 보호자 대신 아프고 나이 든 노령의 반려동물들을 24시간 돌보며 운동시키고 심리치료를 담당하는 전문 인력들이 상주한다. 또한 우리 사회에서도 장애인이나 치매노인, 재소자, 정신지체자들을 대상으로 동물을 매개로 한 심리치료에 대한 긍정적인 효과들이 입증되고 있어 반려견을 중심으로 동물 심리치료를 담당하는 전문가들의 수요가 늘고 있다.

최근에는 반려동물을 전문적으로 이동시켜 주는 펫 택시가 생겨 반려인들에게 호응을 얻고 있고, 펫로스 증후군 상담사도 상실감으로 힘들어하는 반려인들에게 도움이 되고 있다. 이외에 독신의 반려인들이 많이 찾는 펫 테크 제품들을 개발하는 프로그램 개발 인력들, 가족처럼 여기는 반려동물들과 같이 여행 프로그램을 기획하고 도와주는 펫 전문 여행 인력들이나 혼자 생활하는 시간이 많아 분리불안이나 공격성을 보이는 반려동물의 심리치료를 도와주는 펫 심리치료사와 펫 아로마 테라피스트까지 우리 사회의 펫 관련 직업들은 꾸준히 전문화되고 세분화되어 가는 중이다.

가슴으로 낳고 지갑으로 키운다

우리 사회에도 반려동물과 같이 사는 인구가 1,500만 명이 되고 반려동물 수도 900만 마리에 육박하는 등 최근 몇 년 사이 반려동물 인구가 큰 폭으로 증가하고 있다. 반려견, 반려묘의 연간 평균 양육비는 11만 원과 7만 원이고 이들의 평균수명을 15~20년으로 가정할 때 1년간 강아지 양육에는 1,980만 원, 고양이를 키우려면 총 1,680만 원의 양육비가 들어간다. 그러나 이런 기본적인 돌봄 비용 이외에 반려동물들이 노령화되면서 들어가는 병원비는 반려 인들에겐 훨씬 부담스러운 무게로 다가오는 것이 현실이다.

한국소비자연맹의 조사에 따르면 반려인들이 1회 병원 이용 시 드는 경비는 8만 4,000원이다. 〈2021 한국 반려동물보고서〉에 의하면 반려인들은 연간 23만 5,000원을 반려동물 치료비로 쓴다고 한다. 그러나 아직 우리나라 반려동물들의 나이가 그렇게 많지 않음을 감안하면 실제 노령견이나 노령묘와 같이 사는 반려인들의 병원비는 이보다 더 들어갈 수 있어서 생각보다 큰 부담일 것이다. 흔히 반려동물은 '가슴으로 낳아서 지갑으로 키운다'라는 유행어가 현실감 있게 다가온다.

우리나라는 2000년 들어 처음으로 보험사들이 펫보험을 출시하고 영업을 시작했지만 결국 실패로 돌아갔다. 현재 펫보험에 가입한 반려동물은 0.3% 정도이고 이것은 전체 반려동물 등록 수 대비 1.6% 수준의 낮은 가입률이다. 펫보험은 우리나라 반려인들에게 여전히 외면받고 있는 셈이다. 이것은 일본 12%, 영국 25%, 스웨덴 40% 등 반려동물 선진국들의 10~40%와 큰 차이를 보인다.

펫보험의 문제들

현재 펫보험이 반려인들과 보험업계로부터 외면당하고 있는 주된 원인은 몇 가지로 요약된다. 첫째는 병원마다 다른 진료비로 질병코드 표준화가 되지 않은 점이다. 둘째는 반려동물 등록률이 저조해 병원 진료나 보험료 손해 산정 시 반려동물의 개체 확인이 어렵다는 점이다. 이것은 보험 사기 문제로 연결될 소지가 있어 보험사들이 펫보험 시장 진입을 어렵게 만든다. 셋째는 현재 펫보험 가입자 수가 너무 저조해 보험사들의 손해율이 커서 반려인들이 선호하는 가입 항목들이 어느 정도 들어가 있는 펫보험이 현실적으로 출시되기 어렵다는 점이다.

반려인들 입장에서는 반려견의 보험 가입에 나이 제한이 있고 특약으로만 담보되는 치료비 항목과 일정 기간 이후에 의무적으로 갱신하는 까다로운 가입 조건, 면책 조건들 때문에 과연 펫보험의 실익이 있는지 확신하지 못하는 입장이다. 따라서 구태여 펫보험보다는 펫적금을 들어 아이들의 치료비를 충당하는 것이 더 현실적이라는 반려인들이 많다.

현재 우리나라 펫보험의 특징

현행 펫보험은 대부분 만 8세까지만 들 수 있고 1~3년 후 보험료가 오르는 갱신형이며 반려동물의 상해 질병에 대한 입원비와 통원치료비, 수술비의 50~70%를 보장해주는 실손보험 형식이다. 따라서 그나마 본격적으로 아프기 전인 5세 이전에 들어야 혜택을 볼 수 있으며 병력이 있는 아이들은 사실상 펫보험을 들기가 어려운 현실이다.

현재 국내에는 7개 펫보험사가 있으나 이런 문제 때문에 반려인들이 보험을 드는 경우는 극히 미미하다. 2021년 2월부터는 개물림 사고에 대비해서 5대 맹견에 대한 맹견보험은 반드시 가입해야 하는 의무 형식으로 바뀌었다.

일부 펫보험 및 금융을 종합적으로 취급하는 펫금융 플랫폼들은 여러 회사의 펫보험들을 비교한 후 펫금융 상품들인 펫보험과 펫신탁이나 펫적금 상품 중에서 반려인에게 적합한 상품을 추천

해주는 서비스를 선보이고 있다. 2018년에 한 보험사가 기존의 펫보험 조건을 일부 완화한 새로운 상품을 출시해 반려인들의 관심을 끈 적이 있다. 반려견들이 가장 많이 걸리고 또 수술 시 큰 비용이 들어가는 슬개골 탈구 및 고관절 수술, 피부질환을 보장 항목에 넣고 갱신 주기도 3년 단위로 연장한 상품이었다. 반려인들은 이 상품 출시 후 그나마 펫보험 가입을 조금 더 현실적으로 검토할 수 있게 되었다고 이야기한다.

펫금융의 현실과 미래

펫금융 상품에는 사실 펫보험만 있는 것이 아니다. 펫보험 이외에 펫 관련 적금과 펫신탁, 펫카드 상품들도 있다. 반려인들이라면 노령화되는 반려동물의 치료비가 갑자기 많이 들어갈 수 있기 때문에, 필요한 목돈을 미리 준비하는 차원에서 이런 상품들이 도움이 될 수 있다.

현재 시중은행들은 여러 가지 반려동물 관련 적금을 출시하는 중이다. 대표적으로 국민은행 KB펫코노미적금, 하나은행 펫사랑적금, 신한은행 위드펫(WITHPET)적금이 있다. 펫 관련 적금들을 보면 기본이자율에 더해 추가 금리를 얹어준다. 또한 반려동물 용품 구입 시 할인 혜택을 주거나 적금 가입 시 기본적인 펫보험을 가입해주는 등 미래의 잠재 고객들을 잡으려고 애쓰고 있다.

이외에도 반려인이 먼저 세상을 떠날 경우 남겨진 반려동물의 돌봄과 관련한 펫신탁제도가 있다. 아직 우리나라는 반려동물에게 유산을 남겨주는 것이 법적으로 허락되지 않아, 남겨진 반려동물의 돌봄과 이후 장례까지 책임지고 관리해주는 펫신탁 상품들이 운영 중이다. 이 방법은 펫신탁 관련 금융사가 남겨진 반려동물을 대신 관리해주는 별도의 개인이나 법인(동물요양원이나 돌봄 시설)에 반려동물의 돌봄을 위탁하고 금융기관은 이를 관리하는 방식이다. 대부분 이런 관리들은 금융사들이 직접 하지 않고 반려동물의 돌봄 업무를 감독하는 행정업무사에게 맡긴다.

올해 들어 반려동물들의 진료비를 사전에 공개해야 한다는 「수의사법」 개정안이 통과되었고 2023년부터는 동물 병원에서 반려인에게 사전에 예상 치료비와 치료할 내용을 미리 알리게 되어 있다. 이렇게 되면 동물 병원 측에서 과잉진료를 할 수 있는 분쟁의 소지를 상당 부분 줄일 수 있다. 결국 보험업계에서도 펫보험 활성화를 위해 강력하게 주장하고 있는 질병코드 표준화 작업을 앞당기는 촉매제가 될 수 있을지 지켜볼 일이다.

그러나 아직 갈 길은 멀어 보인다. 가족과 같은 반려동물이 아픈데 비싼 진료비로 제때 치료받지 못하는 문제와 우리 사회의 고질적인 유기견 문제는 서로 연결되어 있다. 반려동물들을 물건으로 인식해서 손해보험사들만이 펫보험을 취급할 수 있는 현재의 시스템은 생명보험사들에게도 문호를 개방해야 한다.

또 일본처럼 펫 전문 보험사들이 생기려면 합리적이고 체계적인 질병코드가 시급히 만들어져야 하고 개체 확인을 좀 더 쉽게 할 수 있는 반려동물 인식 시스템도 보완되어야 한다. 이렇게 되면 보험업계에서도 경쟁적으로 펫보험 시장에 뛰어들어 펫보험의 문턱은 더 낮아지며 결과적으로 보험 가입률도 크게 올라갈 것으로 기대한다.

생의 마지막을
반려동물과
함께할 수
있다면

노령화 시대에 남겨진 반려동물들

　현재 한국 사회는 베이비부머 세대들의 은퇴를 시작으로 점점 더 고령화되어 가고 있고 전통적인 가족공동체들은 빠르게 해체되어 가는 중이다. 핵가족 시대에 자식들이 부모의 노후를 보살필 여력이 없어 노인들은 자식에게 기대지 않고 홀로서기를 해야 한다.

　전 세계에서 고령화 속도가 가장 빠른 한국은 이제 고령화 및 1인 가구의 급격한 증가로 나홀로 인구 비율이 전체 가구의 32% 수준까지 높아졌다. 노령층에서는 자식들과의 분가, 이혼, 지병, 사별 등으로 1인 세대 비율이 급속도로 증가하고 있다. 오늘날 독거노인들의 우울증이나 고독사는 큰 사회적인 문제인데, 특히 팬데믹을 겪으면서 이웃과 소통이 더 어려워지고 고립감은 점점 심화되었다. 그런 중에 자식들을 대신해 반려견, 반려묘를 가족으로 여기며 정서적으로도 많은 위로를 받는 노인 가구가 늘어나고 있다.

인간-동물 상호작용 연구센터의 레베카 존스 교수는 혼자 사는 노인 중 반려동물과 같이 사는 사람들은 그렇지 않은 사람보다 자존감이 더 높고 우울증에 빠질 위험이 낮으며 스트레스 호르몬 수치가 감소한다는 실험 결과를 발표했다. 반려동물들은 노인들의 고립감을 완화해주고 신체적으로도 더 움직이게 만들어 건강에도 도움을 주는 존재다.

생이 얼마 남지 않은 노인들은 살던 집에서 가족들이 지켜보는 가운데 생을 마치고 싶어 한다. 더구나 반려동물과 살아온 노인들은 인생의 마지막에 이들과 헤어져 요양원에서 혼자 지내는 것은 생각하기도 싫은 슬픈 일이다. 그러나 독거노인들이 건강 악화로 요양 시설에 입소해야 할 경우에는 반려동물 돌봄에 문제가 생긴다. 가족으로 함께하던 반려견이나 반려묘를 대신 키워줄 사람을 구하거나 반려동물 위탁보호 시설에 맡기는 것이 현실적인 대안이다.

존재만으로도 위안이 되는 반려동물들

요양 시설은 건강이 악화되거나 가족들이 정상적으로 돌볼 수 없는 노인들의 주거시설이다. 대부분의 노인들은 요양 시설에 가지 않고 살던 자택에서 생을 마감하고 싶어 한다. 그러나 현실은 녹록지 않아 가족들이 치매 환자나 중증 노인들을 집에서 돌보는 것은 현실적으로 쉽지 않다. 결국 본인의 뜻과는 다르게 인생의 마지막에 요양원 시설로 들어가게 된다.

오랫동안 함께한 반려견이나 반려묘와 요양원에 동반 입소할 수 있다면 노인들에게는 어떤 변화가 올까? 노인들에게 반려동물은 같이 있는 것만으로도 충분히 위안이 되는 가족이다. 내 곁에 가족이 있다는 느낌을 주는 심리적인 안정감은 우울감이나 상실감을 줄여주고 생의 마지막을 외롭지 않게 해준다. 하루하루 반려동물을 보면서 즐거움을 느끼고 조금이라도 몸을 더 움직이게 되어 노인들은 정서적 신체적으로도 더 건강하게 요양원 생활을 할 수 있다. 얼마 남지 않은 생을 가족인 반려동물과 같이할 수 있다는 것 자체가 큰 기쁨이어서 실제로 이런 노인들에게는 애니멀 테라피(Animal Therapy)의 긍정적인 효과를 가져다준다.

반려동물 동반 입소 요양원이 있다면

세계 최고령국 일본에서는 같이 살던 반려동물과 동반하는 요양원이 주목받고 있다. 카나가와현 요스코스카시에 위치한 '벚꽃마을 요양원'은 4층 건물 중 2개 층 40개 객실에서 고양이 10마리와 강아지 6마리와 같이 생활하는 반려동물 친화형 요양원이다.

이 요양원은 노인들이 집에서 함께 살던 반려동물을 데려와 같이 생활할 수 있고 또 입소자가 세상을 떠난 후에 남겨진 반려동물들을 평생 요양원에서 돌봐준다. 노인들이 인생의 마지막에 소중한 가족인 반려견, 반려묘들과 떨어져 지내는 것이 너무 안타깝게 느껴져 이들이 세상을 떠날 때까지 반려동물들과 살다 아름다운 이별을 할 수 있게 해주고 싶어 이런 프로젝트를 시작했다는 것이 요양원장의 말이다.

미국도 기르던 반려동물과 같이 입주하는 반려동물 친화적인 요양원들이 점점 늘어나고 있다. 미국, 캐나다, 영국에서 노인 주거 관련 사업을 하는 '선라이즈 시니어 리빙(Sunrise Senior Living)'은 키우던 반려동물들과 같이 요양원에 입소하는 반려동물 친화적 노인 주거 시설이다. 심지어 이 요양원은 고령의 입소 희망자들 중 반려동물과 같이 지내길 희망하는 비반려인 입소자들에게 유기견 입양을 도와주기도 한다. 이 요양 시설은 실제로 반려동물이 노인들의 우울증을 감소시키고 운동량을 증가시켜 긍정적인 효과를 가져다주는 점을 고려해 반려동물 동반 시스템을 요양원에 접목해 성공한 사례로 평가받고 있다.

노령의 반려동물을 케어하는 반려동물 요양원

현실적으로 고령의 반려인이 요양원에 입소하는 경우 홀로 남겨진 반려동물들을 어떻게 해야 할까? 친척이나 지인이 맡아주지 못할 경우 대부분 동물보호소로 보내진다. 일본에서는 고령의 반려동물들을 돌봐주는 반려동물 요양원이 인기다. 일본 언론에 따르면 현재 일본의 노령 반려동물 양로원은 약 40개소가 운영 중이다. 고령의 반려인들이 입원 및 사망이나 양로원 입소 등으로 홀로 남은 반려동물들을 맡기는 일이 늘고 있고 그 외에도 간호가 필요한 아픈 반려동물들을 맡아서 체계적으로 돌보고 있다.

노인들과 살다 남겨진 반려견이나 반려묘는 나이가 많아 입양하려는 사람들이 드물다. 보호소는 일정 기간이 지나도 입양 희망자가 없으면 안락사를 시키므로 노령 반려동물을 기르는 반려인들은 돈이 들더라도 아이들을 사설 요양원에 맡기고 싶어 한다. 이들 요양원에서는 산책, 배변, 놀이와 식사 등 일반적인 돌봄부터 재활운동 및 마사지와 치매 진행을 늦춰주는 치료 등 폭넓은 서비스를 제공하고 있다. 반려동물과 반려인 상황에 맞추어 케어플랜을 선택할 수도 있다. 또 집에서 노령 반려동물을 돌보기 힘든 반려인들도 수의사 및 반려동물 간호사가 있는 요양원 시설에 반려동물을 맡기고 주말에 면회를 가며 요양원에서는 반려동물의 생활을 반려인에게 수시로 영상으로 보내주기도 한다.

나이 들어 요양원에 들어가야 한다면 근돌이와 반려견 동반 요양시설에 함께 입소해 생을 마감해도 좋겠다는 생각이 든다. 그러나 안타깝게도 한국에는 반려동물과 동반 입소할 수 있는 요양 시설이 아직 없다.

우리 사회에서도 반려동물과 함께하는 요양원이 생긴다면 반려동물과 같이 생을 마감하고 싶어 하는 노인들의 요양원 생활에도 획기적인 변화가 올 것이라고 확신한다. 매일 아침 침대에서 사랑하는 반려견과 인사하고 밤에는 내 옆에서 잠드는 반려견을 만져볼 수 있다는 것은 노인들에게 큰 기쁨을 줄 것이고 가끔은 휠체어를 타고 정원에서 반려견과 산책하는 즐거움은 정서적인 안정감을 주기에 충분하다.

반려동물 동반 요양원 시설 운영에는 반려동물 전문가들의 도움이 필요하다. 수의사들과 반려동물 전담 간호인력을 최소한으로 두고 가까운 동물 병원과 상호 협력하는 시스템으로도 운영이 가능하다고 본다. 반려동물 의료 인력들의 자원봉사 시스템을 활용하는 것도 방법이다. 한꺼번에 많은 반려동물들이 같이 살 경우 동물들끼리도 문제없어야 하고 다른 입소자들에게도 문제 되는 행동을 해서는 안 되기 때문에 교육과 질서를 잡아줄 전문 인력들이 있어야 한다. 이외에도 반려동물을 정기적으로 산책시키고 식사, 용변과 목욕 및 미용 등 기본적인 돌봄을 담당하는 인력들도 필요하다.

노인 문제와 유기 동물 문제를 한 번에 해결할 수 있다면

우리 사회 인구 노령화는 매우 심각한 문제다. 더구나 사람들뿐 아니라 일본처럼 반려동물들도 점차 노령화되고 있다. 일본에서는 매년 10만 마리 이상의 반려동물이 안락사되는데 이 중 독신의 고령자들이 기르던 반려동물이 절반을 차지한다. 우리 사회도 구성원들의 고령화가 심각해질수록 노령의 반려인들이 세상을 떠나면서 자연적으로 유기 동물들 수가 늘어날 수밖에 없다.

흔히 일본의 현재 모습을 보면 10년 후 우리 사회의 모습을 예측할 수 있다고 한다. 그렇다면 현재 일본을 보면서 앞으로 10년 후 폭발적으로 늘어날 반려동물 유기 문제를 해결할 실마리를 찾을 수 있지 않을까? 또한 우울감 속에서 살아가는 노인들에게는 생의 마지막까지 위로를 줄 수 있는 대안을 고민해본다.

이를 동시에 해결하는 방법이 있다. 바로 '반려동물 동반 요양원'과 '반려동물 요양원'을 같이 운영해보는 것이다. 이를테면 요양원의 한 부분은 사람을 위한 시설로, 다른 영역은 반려동물들을 위한 시설로 나누어 운영하는 것이다. 반려동물과 동반 입소한 노인들은 숙소에서 반려동물과 함께 지낼 수도 있고 또 동반 입소한 반려동물들은 '반려동물 요양원'에서 반려동물 친구들과 지낼 수도 있다.

혼자 입소한 노인 중 반려동물과 생활해보고 싶다면 반려동물 요양원에서 케어하는 반려동물을 입양하거나 연결된 기관에서 반려동물을 소개받을 수 있다. 미국과 일본 등 반려동물 동반 요양원을 운영하는 나라들의 사례를 벤치마킹해보고 우리 실정에 맞는 대안을 검토해봐야 한다. 이렇게 되면 노인들의 우울감이나 고독사 문제와 함께 날로 늘어가는 유기 동물 문제도 실마리를 풀 수 있지 않을까 기대해본다.

4장

정해진 이별,
펫로스

이별을 앞둔 노견과 산다는 것

나이 든 반려견의 시계

반려견들의 평균수명은 10~20년이며 크기와 종에 따라 5~10년 정도 차이가 난다. 대형견은 8~12세, 중형견은 12~15세, 소형견은 15세가 평균수명이고 가끔은 20년 넘게 사는 경우도 있다. 기네스북 기준 세계 최장수견은 호주의 '블루이(Bluey)'라는 목축견으로 29세까지 살았는데 사람으로 치면 약 200세에 해당된다.

개들은 사람보다 생체시계가 훨씬 빨라 급속히 성장하고 노화도 일찍 찾아온다. 반려견에 대한 인식이 많이 바뀐 요즘엔 강아지들에게도 식생활 및 운동과 건강 관리를 잘해주어 반려견의 수명도 계속해서 늘어나고 있다. 내 주변에서도 20세 가까이 사는 노견들을 심심치 않게 본다.

강아지는 생후 1년이 되면 사람의 16세에 해당하며 5년이면 40세 초중반으로 장년에 해당한다. 대형견은 8세, 중소형견은 10세가 되면 인간의 60대 중반~70대 초반의 노령기에 접어든다. 반려견들도 유전형질에 따라 수명에 차이가 있으며 식생활과 운동 및 스트레스와 질병 유무에 따라서도 수명이 달라진다.

노령견에게 나타나는 변화들

노령기에 접어든 반려견들은 움직임이 둔화되어 사료를 멀리하고 좋아하던 산책에도 조금씩 흥미가 떨어진다. 올해 열 살이 된 근돌이도 얼마 전부터 가끔씩은 내가 출근할 때도 문 앞에 나와 배웅하지 않는 것을 보면 점점 활력이 떨어지고 있음을 체감한다. 노령견이 되면 각종 질병에 시달리는데, 피부질환, 소화기질환 및 슬개골 탈구와 같은 근골격계질환과 심장병, 당뇨, 신장질환, 안질환을 겪는다. 사람들이 가장 힘들어하는 치매나 암 등 치명적인 중병에도 시달린다.

노령견이 되면서 신체적인 변화가 먼저 찾아온다. 우선 털의 윤기가 떨어지고 얼굴은 흰털로 변색되며 피부 탄력도 현저히 줄고 몸에 멍울들이 생길 수 있으므로 몸 구석구석을 잘 살펴보아야 한다. 또한 시력과 청력이 약해지며 움직임이 현저히 둔화되어 침대에 오르거나 장난감을 가지고 노는 것에도 관심이 줄어들고 그렇게 좋아하던 산책에도 흥미가 떨어진다.

평소 산책이나 식사 등을 세심하게 챙기는 반려인이라면 하루가 다르게 기력이 약해지는 노화와 더불어 찾아오는 질병들에 더 힘들어 한다. 내 주변에도 열여덟 살이 된 슈나우저를 키우는 후배가 있었는데 2년 전부터 치매가 오고 시력이 안 보여 집 안에서 벽에 부딪히는 경우가 많았다. 특히 밤낮이 바뀌어 새벽에만 식사하고 식후엔 야외 배변 습관으로 항상 밤중에 보호자가 밖에 데리고 나가야 하는 바람에 결국 가족들이 당번을 정해 거실에서 아픈 반려견을 돌보는 힘든 생활을 이어갔다. 결국 3일 동안 음식과 물을 거부하며 가족들에게 이별을 예고하더니 자는 가운데 조용히 무지개다리를 건너고 말았다.

노령견 케어에서 가장 힘든 것이 치매와 실명이라고 한다. 치매견은 반려인을 못 알아볼 수도 있고 같은 자리를 계속해서 돌기도 하며 방향감각이 떨어져 자꾸 벽에 부딪힌다. 대소변을 자주 실수하며 밤낮이 바뀌어 밤에 잠을 안 자고 짖는 등 여러 가지 정서불안 행동들도 보인다.

앞이 보이지 않은 노령견들도 얼마 남지 않은 견생의 삶에 많은 애로가 있다. 이런 경우엔 가족이 상주해서 돌봐야 하는데, 반려인이 혼자 사는 경우 출근 등으로 장시간 아이들이 혼자 있어 현실적으로 이들의 케어에 많은 어려움이 따른다. 이런 경우 반려견 전용 요양원이나 호스피스 시설 입소에 대해 수의사와 상담해보는 것도 필요하다. 또 요즘에는 치매견을 위한 약물치료도 효과를 볼 수 있으니 의사와 상의해 더 늦기 전에 인지장애를 늦추는 약물치료도 해보길 권한다.

일반적으로 개들은 아픈 내색을 하지 않는다. 야생의 늑대 시절부터 아프면 포식자의 먹잇감이 될 수 있어서 아픈 것을 일부러 감추한다는 설과 좋아하는 가족들에게 아픈 모습을 보이기 싫어한다는 설도 있다. 따라서 노령견이 되면 세심하게 건강검진을 해줘야 한다. 적어도 3~6개월에 한 번은 정확한 건강검진을 해야 한다. 노령견이 되면 사람의 시간보다 5~7배 빠르므로 6개월이라고 해도 그들에겐 3~4년이 흐른 셈이다.

노령견 케어에 도움이 되는 팁

반려견의 노화를 바라보는 보호자는 마음이 착잡하다. 그러나 나이 든 반려견의 신체 변화를 인정하고 남은 시간을 잘 보내기 위해 아이들에게 세심한 신경을 써주는 것이 반려인이 해야 할 일이다.

치매나 시력을 잃은 고령의 반려견은 실내를 최대한 단순하게 정리해야 한다. 낮에 반려인이 집에 없다면 강아지가 움직일 수 있는 동선을 최소화하고 가구들에 부딪히는 것을 줄여줘야 하므로 가구 배치를 자주 변경해서는 안 된다. 낮에는 거실이나 방 한 군데에서만 지낼 수 있게 동선을 좁혀주고 식기와 물그릇과 배변 장소도 많이 움직이지 않고 쉽게 찾을 수 있게 해줘야 한다. 부딪히기 쉬운 가구들의 모서리에는 유아용 부상 방지캡을 씌워주며, 주요 동선에 미끄럼 방지 매트를 깔고, 올라가는 곳에는 계단을 놓아주는 등 세심한 배려가 필요하다.

노령견이 되면 그동안 하지 않던 문제 행동들을 보이는데 이런 것들은 노령화에 따른 정서적인 변화로 인정하고 받아들여야 한다. 이런 행동들은 노령견이 되면서 생기는 변화에 따른 불안감 때문에 나타날 수도 있고 실제로 몸에 이상이 있어 생기는 문제일 수도 있다. 이때 중요한 것은 반려견이 나이가 들면서 생기는 노화나 정서적인 불안정의 실체를 인정하고 기본예절보다는 강아지의 본능에 충실해서 문제를 해결하는 것이 더 현명하다.

노령견들은 운동량이 적기 때문에 단백질과 지방 함량이 적고 칼슘이나 마그네슘, 나트륨, 아연 등 무기질이 함유된 반건식이나 습식 사료를 주어야 한다. 물을 잘 먹지 않으면 사료를 물에 불려서 줘도 좋으며 죽 형태의 영양식을 만들어주는 것도 좋다. 닭가슴살, 오리고기, 소고기, 연어, 북어, 단호박, 당근, 브로콜리와 같은 식재료 중 평소에 잘 먹고 영양을 보충할 수 있는 특식을 가끔씩 준비해, 부족한 비타민, 칼슘, 단백질 등 노령견 필수 영양분들을 보충해주어야 한다.

사람도 마찬가지지만 반려견도 잠이 보약이다. 통상적으로 건강한 반려견들은 하루에 12~14시간 잠을 자는데 잠이 부족하지 않은지 살펴보고 잠을 잘 잘 수 있는 환경을 만들어줘야 한다. 높은 곳보다는 낮은 곳이 좋으며 푹신해서 안정감이 있는 잠자리 환경과 사방이 뚫려 있는 곳보다는 벽면이 일정 부분 막혀 있는 장소에 포근한 집을 마련해주어 외부 환경에 덜 노출되도록 해야 한다. 또한 실내 온도와 습도 등 수면에 적합한 환경을 조성해주며 하루 10시간 이하로 자는 경우엔 다른 건강상의 문제가 있는지도 세심하게 살펴봐야 한다.

노령견에게도 산책은 중요한데 몸에 무리가 되지 않는 시간과 코스를 잡아야 한다. 사람들과 반려견들을 많이 만나는 길거리보다 한적한 공원이나 야산 등 반려인과 오롯이 둘만의 감정을 나누기에 적합한 장소가 좋다. 노령견이 산책을 힘들어한다면 안아서라도 정기적으로 바깥 공기를 쐬어주는 것이 필요하다. 반려견이 건강했을 때 좋아했던 장소에 안고 가서 같이 산책하던 이야기를 들려주는 것도 좋고 유모차에 태워 평소 자주 걷던 장소를 가볍게 다녀오는 것도 기분 전환에 도움이 된다.

다가올 이별을 미리 준비하기

심각한 병을 앓고 있거나 고령으로 살날이 얼마 남지 않은 반려견들을 매일같이 바라보는 보호자들의 상심은 이루 말할 수가 없다. 끝이 언제일지는 모르지만 삶을 마감해야 하는 노령견들은 이전보다 더 애처롭게 보호자에게 의지하려고 한다.

끝이 다가오는 징조들을 보면서 반려인은 이별을 생각하고 떠나보낼 방법도 미리 준비해놓자. 다니던 동물 병원에 반려견 사체 처리를 요청하는 방법과 장례식장에 가서 사람과 같이 장례식을 해주는 방법이 있다. 유골을 처리하는 방법도 형편과 평소 생각에 따라 선택하면 된다.

암, 심장병, 악성 치매 등 중병으로 아이의 생명을 유지하는 것

자체가 엄청난 고통을 주는 경우라면 가족들과 의견을 모은 후 수의사와 안락사에 대해서도 상의해야 한다. 안락사를 결정했다면 사람들이 없는 시간에 병원을 방문해 의사가 한 생명을 보내는 것에 집중할 수 있는 환경을 만드는 것도 고려해야 한다.

반려견의 죽음이 다가오면 보호자의 일상적인 삶이 무의미해진다고 느껴질 수 있다. 게다가 아이와 같이할 수 있는 일들도 그렇게 많지 않다. 그러나 반려인들은 이런 마지막 시기에도 아이들과 같이할 수 있는 것들을 찾아, 아이가 떠나기 전 소중한 시간을 함께해야 후회가 많이 남지 않는다.

반려견들은 당장의 아픔과 힘듦보다 보호자와 같이하는 즐거움이 최우선이다. 아프다고 슬퍼하지도 않고 순간의 행복을 위해서 가족들과 같이하는 시간을 소중하게 여긴다. 같이 가보고 싶었던 곳을 가거나 평소에 좋아했던 특식을 만들어주는 일, 가족사진 촬영하기, 동영상 찍기 등을 시도해보자. 자주 같이 만나던 반려견 가족이나 친척, 지인들과의 대면 시간도 의미 있다. 반려동물과의 이별을 경험했거나 펫로스를 충분히 얘기할 수 있는 가족이나 지인들에게 위로받는 것도 필요하다. 또 수의사와 사망 전후의 조치나 장례 절차 등을 상의하는 일과 펫로스의 슬픔을 잘 아는 전문가들과 상담하는 것도 반려인이 미리 준비해야 할 일이다. 반려견과 같이 생활해온 어린 자녀가 있다면 아이들에게 충분히 이별에 대한 얘기를 해줘야 한다.

반려견은 떠날 시기가 되면 며칠 동안 음식이나 물을 거부하고 구석 자리를 찾아가며, 또 체온이 급격하게 떨어져 몸을 벌벌 떨고 보호자가 곁에 안 보이면 불안해한다. 또 반대로 움직이지 못해 누워만 있던 반려견이 일시적으로 컨디션을 회복해서 음식을 먹거나 걸어 다니는 경우도 흔히 있는 일이다.

반려견의 마지막을 잘 지켜주지 못하면 떠난 후 남겨진 가족들이 힘들어진다. 따라서 반려견이 떠날 징후가 보이면 가족들은 교대로 반려견의 곁을 지켜줘야 한다. 특히 가족 중 누구 품에 안겨 세상을 떠나고 싶어 하는지를 잘 판단해, 이별 전조 증상이 나타난 후 며칠 동안은 그 보호자가 아이 곁을 지켜주는 것이 좋다.

사람이나 동물이나 한 생명을 마지막으로 보내기 전에는 충분히 슬퍼하고 애도의 시간을 가져야 한다. 함께했던 가족들이 정성을 다해 장례의식을 준비해주는 것은 결국 떠난 반려견에 대한 예의이기도 하지만 남겨진 가족들의 상실감을 극복하는 데 도움이 된다.

머잖아 반려동물이 떠나게 될 것을 생각하면 다가올 이별에 대한 슬픔, 분노, 죄책감 등을 느끼게 되는데 이것을 예측 슬픔이라고 한다. 이것은 펫로스로 인한 상실감이 아무는 데 도움이 된다. 결국 떠난 후에 반려인이 느끼는 슬픔의 일부를 미리 느껴보면서 이별 후에 한꺼번에 오는 상실의 쓰나미를 조금 줄일 수 있다.

통상적으로 암이나 중병 등으로 얼마 후에 사랑하는 가족이 세상을 떠날 것을 미리 알면 감정적으로 이별을 훨씬 더 잘 준비하게 되고 결국 정신적으로도 더 빨리 회복된다고 한다. 결국 가족으로 여기고 오랜 시간 감정을 공유했던 반려동물과의 이별을 미리 준비하면 이별 후에도 심리적으로 잘 대처할 수 있고 펫로스로 인한 후유증도 더 쉽게 이겨낼 수 있다.

인정받지 못하는 슬픔

반려동물은 반려인들에게 가족 이상의 소중한 존재다. 그만큼 그들을 떠나보낼 때 당연히 배우자나 가족, 자녀 등 내게 중요한 사람이 떠난 것과 같은 슬픔을 갖는다. 심지어 일부 반려인들은 부모님이 세상을 떠난 것보다 더 큰 상실감으로 많이 힘들어하기도 한다.

그러나 우리 사회는 아직 반려동물의 죽음을 공감하는 분위기가 형성되어 있지 않아 친구나 지인들에게 이런 사실을 얘기했을 때 위로받기 어렵다. 미국 호스피스 재단의 케네스 도카(Kenneth Doka) 박사는 펫로스 증후군을 사회의 구성원들에게 충분히 위로받지 못하는 슬픔이란 의미에서 '박탈당한 슬픔', '인정받지 못하는 슬픔'이라고 표현했다. 이것은 아직 우리 사회가 반려동물의 죽음으로 인한 반려인들의 슬픔을 제대로 인정하지 않는 분위기란 것을 잘 대변해준다.

반려인들이 상심에 빠져있으면 주변에서 "그깟 개 한 마리 죽었다고 그렇게 슬퍼할 일인가?", "이제 그만 좀 하지. 부모 죽었을 때는 그렇게 슬퍼하지 않더니만", "다른 강아지 한 마리 데려다 키우면 되잖아" 등과 같은 얘기를 듣는 경우가 있다. 반려동물을 떠나보낸 반려인들은 '내가 좀 유난을 떠는 건가?'라며 슬픔을 속으로 삭이다 더 큰 상처를 받게 된다.

결국 일부 반려인들은 반려동물의 상실로 인한 정상적인 슬픔인 펫로스(Pet Loss)를 넘어서 정신적 문제가 되는 펫로스 증후군(Pet Loss Syndrom)으로 발전하게 된다. 최근 들어 펫로스를 경험한 사람들 중 일부는 우울증이나 주변 사람들과의 대화 단절, 외상후스트레스장애로 힘들어하거나 자살로까지 이어지는 경우도 있어 사회문제가 되고 있다.

상실을 치유하는 슬픔의 과정들

10년 이상을 같이한 반려동물과의 애착은 상상 이상으로 강력해서 사람들이 이들에게 느끼는 깊은 유대감은 그들의 삶에도 큰 변화를 가져다준다. 하지만 그들이 우리보다 먼저 떠나게 되면서 사람들은 그동안 가졌던 애착의 크기와 비례하는 깊은 상실감에 시달린다.

《상실 수업》(김소향 옮김, 인빅투스, 2014)의 저자인 엘리자베스 퀴

블러 로스(Elizabeth Kubler Ross) 박사에 따르면, 소중한 인연이 떠났을 때 우리는 '부정 → 분노 → 타협 → 절망 → 수용' 5단계의 애도 과정을 거쳐 슬픔을 털어내고 죽음을 받아들인다고 한다. 이러한 애도의 단계는 사람들마다 다르게 찾아오며 강도도 제각각이다. 슬픔과 애도의 단계들이 차례로 올 수도 있고 순서가 뒤바뀌기도 하며 여러 단계가 한꺼번에 올 수도 있는데, 어찌 됐든 이런 아픔의 단계들을 다 거쳐야 상실감이 치유되어 일상으로 복귀할 수 있다는 것이다. 그는 사람들이 애도의 과정에서 아픔을 통과하는 지름길을 찾거나 회피하려는 것이 오히려 더 큰 문제를 만들 수 있다고 말한다.

애도의 5단계를 살펴보자. 맨 먼저 사랑하는 존재를 잃었다는 사실을 인정하지 않는 부정이 찾아온다. 반려견이 죽어가고 있거나 세상을 떠난 것을 믿지 않고 충격에 빠지는데 처음에 오는 이 단계는 대부분 빨리 지나간다. 두 번째로는 더 잘해주지 못한 자신에게 화를 내거나 수의사나 가족들에게 원망하는 분노의 감정이다. 이 과정이 지나가면 온전한 아픔과 절망을 느끼는 타협의 감정들이 마음속에 찾아온다.

네 번째는 결국 이 모든 것이 나로 인해 생기고 내가 잘못했다고 생각하며 우울감(절망)을 경험하게 된다. 이때 느끼는 우울감은 자연스런 치유의 과정이므로 잘 받아들여야 한다. 사람들은 이런 우울감을 통해서 내적인 힘을 얻게 되며 비로소 슬픔이란 터널의 종착역으로 진입한다. 앞의 4단계 과정들을 잘 거치고 나면 마지막에는 모든 것을 인정하려는 수용의 단계로 들어가며 애도의 전 과정들이 비로소 끝이 난다.

정상적이라면 반려동물과 이별한 후 일정 기간 동안 우울감, 외로움, 죄책감, 분노, 식욕 부진, 수면 장애 등 펫로스의 고통이 찾아온다. 이런 일련의 과정들은 지극히 자연스럽고 건강한 슬픔의 과정이며 대부분의 보호자들은 애도하는 기간 동안 감정을 잘 추스를 수 있다.

그런데 시간이 충분히 지나도 일상생활로 돌아가지 못하고 여러 가지 슬픔의 증상이 지속되는 네 번째 절망(우울감)의 단계가 오래갈 경우 심리학에서는 이를 펫로스 증후군이라고 한다.

슬픔의 크기는 어떻게 정해지는가

사실상 상실감의 무게는 제각각이어서 사람들은 슬픔의 크기를 다르게 느낀다. 일반적으로 남성보다는 여성이 그리고 나이가 적을수록 슬픔을 더 크게 느끼고 떠난 동물이 어릴수록 펫로스의 충격은 더 크다. 결국 인간은 각자 살아온 삶이 다르고 상실감을 받아들이는 감정 상태와 상실감을 수용할 수 있는 내적인 능력이 다르듯이 반려동물을 잃은 슬픔의 크기도 다르다. 전문가들은 상실감의 무게나 슬픔의 크기는 다음과 같은 원인이나 상황에 따라 다르다고 얘기한다.

우선 반려동물이 죽은 이유에 따라 상실감의 크기는 차이가 난다. 수명을 다한 자연사인가 사고로 인한 죽음인가에 따라 슬픔은 다르다. 또 질병으로 인해 오랫동안 아픈 상태에서 이별한 상황과 갑작스러운 발병으로 손도 써보지 못하고 급하게 보내줘야 하는 경우에 분명 차이가 있다. 보호자가 보는 앞에서 사고로 이별하는 경우 반려인은 죄책감에 시달리며 펫로스 증후군으로 발전되기 쉽다.

또 반려동물을 잃어버리고 상실감에 빠져 쉽게 헤어나지 못하는 경우도 많다. 누군가에게 학대받지 않을까 염려하고 또 동물보호소에서 안락사되었을지 모른다는 불안감으로 끊임없이 자책한다. 이런 경우 상실의 슬픔에 더해 좋지 않은 상상들이 이어져 고통은 배가된다. 또 아픈 반려견을 오랫동안 보호하다가 안락사를 한 경우와 안락사 없이 아이의 고통을 끝까지 목격한 후 보내는 슬픔도 다르다. 이 경우에는 안락사보다 아픔을 끝까지 지켜본 보호자들이 더 큰 슬픔을 느낀다는 연구 결과가 있다.

반려인 중에서는 연령이 낮을수록 이별에서 느끼는 슬픔이 크게 나타난다. 노인 세대들은 가족들의 이별을 통해 죽음을 준비해본 경험이 상대적으로 많기 때문일 것이다. 나이에 상관없이 가족이나 가까운 사람이 세상을 떠난 경험을 해본 반려인들은 그렇지 않은 이들보다 반려동물의 죽음을 담담히 받아들이는 경우가 있다. 이 또한 아픈 경험을 해본 보호자들이 반려동물의 죽음 후에 다가올 슬픔을 예측해볼 수 있기 때문이다.

슬픔의 크기에 관련해 주목해야 할 점은 슬픔은 반려동물에 대한 애착의 깊이에 비례한다는 것이다. 결혼 후에 아이 대신 반려동물을 키우던 딩펫족들은 반려동물과의 관계를 더 소중히 여기므로 자식이 죽었을 때와 비슷한 슬픔이라고 한다. 또 부부 중 한쪽이 먼저 떠난 후 반려동물을 입양하는 독거노인들도 같이 사는 반려동물에게 많은 위로를 받았기 때문에 큰 슬픔이 따라온다.

이외에도 대가족보다 독신으로 같이 살다가 이별한 경우와 실내에서 같이 생활한 반려동물에 대한 슬픔이 그렇지 않은 경우보다 더 크게 다가온다. 반려동물을 떠나보낸 경험이 있는 보호자보다는 처음으로 이별하는 반려인은 마치 자식이 세상을 떠난 것처럼 힘들어한다. 앞에 열거한 여러 상황을 종합해보면 젊은 독신 여성이 어린 반려동물과 같이 생활하다가 갑자기 사고로 떠나보내게 되는 경우 가장 큰 상실감을 느끼게 된다는 것이다.

펫로스와 펫로스 증후군의 차이

반려동물과 살아보지 못한 사람들은 이해하기 쉽지 않지만 실제로 반려인들은 반려동물과의 생활에서 생각보다 깊은 유대감이 생긴다는 것을 잘 알고 있다. 특히 오랫동안 함께 살아온 개나 고양이가 우리 곁을 막 떠나려 할 때 보호자들은 그들과 얼마나 정서적으로 연결되어 있는지 절실하게 느낀다. 동물과 인간과의 감정적인 유대는 부모와 어린아이와의 유대와 크게 다를 것이 없다고 믿는다. 우리는 일반적으로 자녀들이 나보다 먼저 세상을 떠날 것을 예상치 못하기에 자식처럼 생각하는 반려동물이 먼저 세상을 떠날 때 극도의 슬픔을 경험하게 되는 것이다.

미시간대학교의 연구조사에 따르면 펫로스를 겪은 반려인의 86%가 한 가지 이상의 증상들이 생겨났고 이것은 1년 뒤에 22%로 감소했다. 또 이 연구팀은 펫로스의 슬픔은 대부분 1~2개월간 이어지고 평균적으로 10개월 정도 지속된다고 발표했다.

그러나 시간이 꽤 흘렀음에도 여전히 여러 증상이 그대로 남아있고 특히 조절하기 힘든 우울감, 죄책감, 수면장애와 대인기피증 등으로 정상적인 생활이 어려운 경우에는 펫로스 증후군을 의심해보아야 한다.

남겨진 사람들의 슬픔과 치유

불편한 진실이지만 반려동물의 죽음이 때론 가까운 사람의 죽음보다 더 슬프게 다가온다는 것이 여러 연구 결과에서 나왔다. 자식들이라면 응당 고령의 부모님이 돌아가시면 슬퍼하지만 그렇다고 감당할 수 없을 만큼 힘든 슬픔으로 생각하지 않는다. 언젠가는 떠날 것을 예상하기도 하지만 나이가 들면 죽음이 따른다는 것을 인정하기 때문이다. 그러나 나이 든 노령견은 언제나 보호자인 내가 모든 것을 챙겨주지 않으면 안 되는 어린아이와 같은 자식으로 생각하기에 이런 반려동물과의 이별은 자식이 먼저 떠난 것과 같은 슬픔의 강도를 느끼게 된다는 것이다.

미국의 심리전문가 샌드라 바커(Sandra Barker)는 "내 삶의 중요한 사람을 잃고 난 후에 느끼는 상실감은 지극히 자연스럽고 정상적인 반응이자 슬픔의 치유 과정이다"라고 설명한다. 따라서 펫로스를 경험하는 사람들은 고통을 잘 이겨내기 위해 슬픔을 억제하는 것보다는 잘 표현해야 한다고 많은 전문가들이 조언한다. 내가 지금 느끼는 감정들이 어떤지를 주변 사람에게 얘기하는 것이 중요하며 충분히 슬퍼할 수 있어야 상처가 잘 아물고 일상생활로 돌아오기 쉽다는 것이다.

심리학에서는 하나의 상실이 과거의 다른 상실까지 불러일으킨다고 말한다. 마치 눈덩이가 비탈길을 굴러 내려가면서 크기와 속도를 더해가듯 이어지는 상실로 인해 고통의 크기를 키운다는 의미다. 내가 현재 느끼는 깊은 슬픔 중 일부분은 과거 내 경험 속에서 충분히 애도하지 못한 다른 누군가를 위한 슬픔이라는 의미다.

반려동물을 잃는다는 것은 우리와 오랫동안 연결되어 있는 정서적인 친밀감을 하루아침에 잃는 것이다. 이러한 슬픔은 단시간의 노력으로 쉽게 없어지지 않는다. 그러나 나를 지지하고 사랑해주는 가족, 상실감을 공감하는 친구들이나 지인들이 전해주는 위로는 천천히 일상으로 돌아올 수 있는 힘을 준다.

펫로스를 극복하고 일상생활로 돌아오기 위해서는 애도 기간 동안 충분히 슬퍼하고 그 슬픔이 우리 마음속에 자리 잡지 않고 떠나 새로운 감정이 머물 곳을 만들어주어야 한다. 슬픔도 사랑 못지않게 우리 인간의 중요한 감정이다. 오랫동안 여러분과 함께했던 강아지나 고양이에게 특별한 감정을 느꼈다면 결국 그들 덕분에 내가 한 생명체를 사랑할 수 있는 좀 더 성숙한 인간이 되었다고 생각하길 바란다.

무지개다리 이야기

반려동물이 세상을 떠날 때 '무지개다리를 건넌다'고 표현한다. 무지개다리라는 표현은 언제부터 어떤 이유로 사용했을까? 이것은 원래 고대부터 '이상향으로 가는 천상의 다리'라는 관용구로 쓰였다. 1980년대 미국과 영국에서 〈무지개다리(The Rainbow Bridge)〉라는 작자 미상의 시가 널리 읽혔는데, 이 시에서 반려동물이 죽어 천국으로 가는 마지막 관문인 다리가 무지개색으로 되어 있다는 데서 유래했다.

이 시의 내용을 보면, 반려동물은 죽으면 무지개다리를 건너가 푸른 잔디가 무성한 아름다운 초원에서 행복하게 지낸다. 이곳은 늘 따뜻하고 맛있는 것이 많고 늙고 병들었던 아이들도 다시 젊고 건강해지는 곳이다. 강아지들은 이곳에서 항상 반려인을 그리워하며 행복하게 지내다가 자신의 보호자가 죽어 하늘나라로 오면

다리를 넘어와 반려인 품에 안긴 후 영원히 헤어지지 않고 같이 산다는 이야기다. 이 시가 알려진 이후부터 영국과 미국에서는 강아지들이 세상을 떠나면 무지개다리를 건넌다는 표현을 쓰기 시작했다. 사람들이 죽어서 천국에 가면 먼저 가 있던 반려동물이 마중 나온다는 얘기도 이 시에서 유래되었음을 짐작할 수 있다.

최근엔 '별이 되었다'는 표현도 많이 쓴다. 반려동물이 세상을 떠난 후 저 하늘의 별이 되어 자유롭게 돌아다니고 또 보호자를 지켜봐 주길 바라는 마음에서 이런 표현을 사용한다. 어느 표현이든 가족과 같이 지내던 반려동물이 죽어서 편안하고 더 행복한 곳으로 가길 바라는 보호자들의 마음이 담겨 있으며, 나중에 다시 만날 수 있기를 소망하는 간절한 마음도 내포되어 있다.

미국 배우 윌 로저스(Will Rogers)는 "만약 천국에 개가 없다면 나는 가고 싶지 않다. 그들이 있는 곳으로 가고 싶다"라는 명언을 남겼다. 먼저 떠난 자신의 반려견과 사후 세계에서도 만나 같이 지내고 싶은 반려인들의 바람을 잘 표현하고 있다. 반려견이 떠난 뒤의 깊은 슬픔도 사랑의 한 과정이다. 남은 우리가 해야 할 일은 그들의 죽음을 충분히 애도하며 무지개다리 너머로 잘 보내주는 것이다. 그렇게 한다면 사랑했던 반려견들은 낮엔 백화가 만발한 무지개다리 너머 푸른 초원에서 친구들과 마음껏 뛰어놀다가 밤이 되면 하늘의 별이 되어 우리를 지켜보며 보호자인 반려인의 마음속에 함께할 수 있을 것이다.

내 아이와 아름다운 이별

반려견이 떠날 때가 가까워오면 보이는 몇 가지 전조 증상이 있다. 며칠 동안 음식이나 물을 거부하거나 눈동자가 풀려 초점을 잃고, 체온이 서서히 떨어져 몸을 벌벌 떨거나 갑자기 숨을 몰아쉰다.

이러한 증상들을 보인다면 우선적으로 장례식장에 연락해 미리 상담해놓는 것이 현명하다. 장례식장을 고를 때는 정부 동물보호관리 시스템에 등록되어 있는 업체인지를 꼭 확인해야 피해를 줄일 수 있다.

반려견의 사망은 맥박과 호흡, 심장박동 등으로 판단할 수 있는데 일단 심정지가 확인되었다면 1~2시간 후 사후경직이 일어나기 전에 집에서 기초적인 수습을 해주어야 한다. 일단 옆으로 가지런히 눕히고 입 밖으로 나온 혀를 넣어주고 눈을 감겨주며 얼굴 밑에는 얇은 수건을 놓는다. 뒷다리 밑에도 만일에 생길 수 있는 출혈이나 배변을 위해 패드를 깔아준다. 사고사가 아닌 반려견 사체는 72시간 안에는 큰 부패가 없어 충분히 애도의식을 갖고 장례 준비를 해도 되므로 사망 이후 너무 급하게 일을 처리하지 않아도 된다.

기본적인 수습과 집에서의 이별 의식이 모두 끝나면 아이를 수건에 잘 싸서 장례식장으로 이동한다. 식장에 도착하면 먼저 사체를 깨끗이 닦는 염습 후 수의를 입혀 입관 절차를 거쳐 가족들끼리 마지막 추모의 시간을 갖는다. 이때 평소 아이가 좋아하는 장난감이나 간식을 관에 넣어주고 가족들은 아이와 소중했던 추억들을 얘기하면서 이별하는 것도 의미 있다. 추모의 시간 후 화장이 진행되며 유골 처리는 어떻게 할지도 결정해야 한다. 유골함에 넣어 추모 시설에 안치해놓거나 유골함을 집에 보관하기도 하며 평소 자주 다니던 여행지 등에 뿌려주는 방법도 있다. 또 최근에는 수목장을 하거나 유골을 고온 고압으로 녹여 메모리얼 스톤으로 만들어 곁에 두고 추억하기도 한다.

장례를 마치고 집에 돌아오면 아이를 잃은 상실감으로 억눌렀던 슬픔은 더욱 거세진다. 그러나 장례 후에 처리해야 할 일이 남아 있다. 먼저 반려동물을 등록한 주소지에 가서 30일 이내에 반려동물 등록 말소를 해야 한다. 또 시간을 가지고 평소 아이가 사용했던 용품들도 정리한다. 쓸 만한 용품들은 평소 아이를 잘 아는 주변의 반려인들에게 나눠주거나 동물보호소에 기증할 수도 있다. 아이가 특별히 아끼는 옷이나 장난감 등 1~2개는 아이와의 추억을 위해 집에 보관하는 것도 좋다.

안락사에 대하여

10년 이상을 같이한 반려동물의 고통을 줄여주기 위해 안락사를 택하는 반려인 가족들도 있다. 물론 이 경우 더 이상 의학적으로는 치료할 수 없고 하루하루가 아이에게 고통만 줄 뿐이므로 오히려 편안하게 생을 마치게 해주는 행위다. 이것은 전적으로 보호자가 결정할 문제이지만, 의학적으로는 담당 의사가 먼저 안락사 가능 여부를 인정해야 한다. 보통 수의사는 어떤 치료를 하더라도 더 이상 회복시킬 수 없을 때 안락사를 권하며 최종 선택은 보호자의 몫이다.

'안락사는 해도 후회, 안 해도 후회'라는 말이 맞는 것 같다. 노령의 반려동물이 중병에 걸려 하루하루를 힘들게 버텨내고 있는 모습을 계속 보고 있으면, 고통 없이 편하게 삶을 마감하게 해주고 싶을 것이다. 그러나 현실적으로는 아이의 생명을 인위적으로 끝내는 것보다 하늘이 준 수명까지 같이하고 싶은 마음도 동시에 가지고 있다. 따라서 안락사를 위한 완벽한 시점은 없으며 반려인이나 수의사 모두 생명을 위한 최선의 결정이 무엇인지 고민하고 결정해야 한다.

현재 반려견이 느끼고 있는 고통이 사랑하는 가족과 같이 있는 즐거움보다 더 크다고 판단하면 고통을 끝내줘야 한다고 생각한다. 안락사는 죽음의 결정이기도 하지만 고통을 끝내고 안식을 주는 것이기도 하다. 반려견들은 이런 결정을 하는 보호자를 배신으로 보지 않고 자신을 보살피는 한 과정이라고 믿을 것이다.

이별 후 애도하는 방법

캘리 칼슨(Kelly Carson)은 "슬픔에게 머물 곳을 주려면 어떤 식으로든지 의식을 치러야 한다"라고 했다. 사람들이 죽으면 살았던 집이나 직장에 들러 영혼에게 마지막 인사를 할 기회를 주고 3~5일 동안 평소 알고 지냈던 사람들과도 작별인사를 하고 추억을 공유하는데 이것은 유족들이 슬픔을 추스르는 데 도움이 된다. 이와 같이 한 생명을 마지막으로 보내주는 절차는 엄숙하게 진행되는데, 마찬가지로 함께 생활했던 반려동물을 떠나보낼 때 잘 기리는 방법을 알면 우리 마음도 잘 추스를 수 있다.

반려동물의 죽음도 사람과 비슷한 방법으로 가족들이 모여 엄숙한 마음으로 애도와 추모의 시간을 가지는 것이 좋다. 세상을 떠나기 전까지 제일 좋아하는 보호자가 곁에 있어주고, 그 품에 안겨 눈을 감게 해주는 것도 매우 중요하다. 반려동물은 편안하게 생을 마감하게 되고 보호자도 역할을 다하는 셈이다. 이런 깊은 애도가 담긴 의식은 떠나간 반려동물과 생전에 주고받았던 깊은 사랑의 한 과정이라고 생각해야 한다.

심정지 후 기본적인 수습을 해주고 아이와 같이 집에서 하룻밤을 지내면서 가족들끼리 오랫동안 함께해준 기쁨과 소중한 순간들을 추억하며 추모의 시간을 갖는 것도 좋다. 물론 장례식장에서도 화장 전에 수의를 입힌 관을 놓고 추모의 시간을 갖는데 이때는 감정들이 무너져서 너무 깊은 슬픔 속에서 이별할 수도 있다. 추모 의식은 반려인이 믿는 종교 방식으로 애도의 시간을 가져도 좋고, 가족들이 반려견에게 하고 싶은 말을 편지나 추모사 형식으로 준비해 낭독하는 것도 좋은 애도 방법이다.

반려동물과의 이별 후에 반려인들은 슬픔, 분노, 죄책감, 우울감, 무기력증이나 수면장애 등 깊은 고통의 시간들을 보낸다. 앞에서 살펴봤지만 이것은 일반적인 펫로스 증상이며 지극히 정상적인 치유의 과정이다. 심리전문가은 커다란 상실감을 주고 떠나간 존재에 대한 감정을 회피하거나 억누르지 말고 표현하고 받아들이라고 강조한다. 이것은 떠나간 반려견을 위한 애도이지만 결국 남아 있는 사람들의 슬픔을 잘 갈무리하기 위한 것이기도 하다.

중요한 애도의 과정들

하버드대학교 마저리 가버(Marjorie Garber) 교수는 "만약 당신이 개를 기른다면 그 개보다 오래 산다. 개를 기르는 것은 깊은 행복을 느끼면서도 나중에는 그만큼 깊은 슬픔을 느끼는 일이다"라고 말했다. 반려견이 우리 곁을 떠나면 깊은 상실감이 온다는 것을 잘 말해준다.

이것은 돈이 필요한 사람이 거액의 적금을 미리 타서 일정 기간 동안 날마다 행복하게 사용하는 것에 비유할 수 있다. 목돈을 받아서 15~20년 동안 매일 사용할 때는 너무나 즐거웠는데 목돈을 일시 상환해야 하는 만기가 되어 그동안 매일 타서 사용했던 뭉칫돈과 고율의 이자를 한꺼번에 갚아야 하는 부담과 고통을 일시에 경험하는 것과 같을 것이다.

장례가 끝난 후에 본격적인 아픔과 상실감들이 밀려와 생각보다 많은 감정의 소모로 힘들어한다. 앞서 살펴본 '애도의 과정 5단계' 중 반려인들이 가장 힘들어하며 넘기지 못하는 과정이 바로 4단계인 '절망(우울감)'이다. 마치 긴 터널에서 앞이 보이지 않아 출구를 못 찾는 과정이다.

그러나 우리는 이 단계에 오게 되면 오랫동안 진행됐던 애도의 과정들이 마지막을 향해 가고 있다는 긍정적인 생각을 해야 한다. 상실감을 극복하는 능력은 사람마다 다르므로 시간이 조금 걸리더라도 개인의 리듬에 맞게 진행되어야 큰 문제 없다.

우리가 일상생활로 복귀하기 위해 슬픔을 잘 털어내려면 여러 가지 노력이 필요하다. 첫째는 슬픔이 정상적인 상실의 치유 과정임을 인정하고 가족이나 친구, 지인 등 주변 사람에게 감정을 털어놓고 슬픔을 나누어야 한다. 이렇게 하면 좋은 추억이 생기면서 아픔은 줄어들고 공감과 위로를 받으며 슬픔이 머물 자리가 조금씩 만들어진다.

둘째는 충분히 애도하는 방법이다. 함께한 즐거운 기억이 담긴 사진이나 영상을 정리하는 일과 추억이 담긴 용품을 간직하기 위해 정성을 쏟는 것이다. 함께했던 반려견에 대한 그리움은 밀려오겠지만 자주 갔던 장소나 만났던 지인과 시간을 보내면서 소중했던 시간을 추억하는 일도 좋은 방법이다.

셋째는 펫로스 모임에 참석해서 이별의 아픔을 겪었던 사람들과 공감하며 떠나보낸 반려견과의 특별한 유대나 소중한 경험을 나누는 일이다. 이런 펫로스 모임에서는 서로 이해하는 분위기가 자연스럽게 형성되어 위로를 받게 된다. 특히 펫로스 전문가와 함께하는 모임이라면 더욱 좋으며 전문적인 상담도 받을 수 있어 상실감 극복에 도움이 된다.

넷째는 전문가의 도움을 받는 문제다. 앞에서 설명한 대로 정상적인 슬픔과 치유의 과정이 아닌 펫로스 증후군으로 발전된다면 반드시 전문가와 상담해야 한다. 또한 자신의 상태가 어떠한지와 펫로스 증후군으로 발전할 가능성에 대해서도 도움을 받아보자.

이외에도 이별한 반려견에 대한 글쓰기와 아이를 추모할 수 있는 나무나 꽃 심기, 유기 동물 보호소에서의 봉사활동이나 또 다른 가족 입양하기 등이 상실감을 추스르며 슬픔을 위로하는 추모의 방법이다. 자연에서 시간을 보내는 산행, 운동, 캠핑이나 여행 등 몸을 움직이는 것은 특히 수면장애에 도움이 된다.

새로운 식구 입양하기

"새로운 강아지 하나 데려다 키우세요!" 반려동물과 이별하고 힘들어하는 반려인에게 위로한답시고 주변 사람들이 쉽게 던지는 표현이다. 그러나 떠난 생명을 대체할 수 있는 존재란 없기에 새로운 아이를 바로 입양하는 것은 결코 가볍게 생각할 문제가 아니다.

가끔은 아픈 현실을 도피하기 위해서나 현실에서 힘들어하는 사람들을 위해 이별 후에 즉시 반려견을 입양하는 경우가 있는데 이것은 좋지 않은 방법이다. 상실의 전체 과정을 제대로 거치지 않은 상태에서 빠른 입양은 상실에 적응하고 온몸으로 통과해야 하는 건강한 슬픔의 기회를 빼앗는 일이기 때문이다. 떠나간 반려견이 그리워서 이 상실감이 정리되기도 전에 새 생명을 들인다는 것은 보호자의 욕심일 뿐이다.

특히 어린아이들은 자신만의 리듬과 속도로 상실감을 극복하고 아픔을 정상적으로 통과해나가는 과정을 격려하며 지켜봐 주어야 한다. 이 과정들은 어른들에게도 똑같이 통용되는데 충분한 슬픔과 애도의 과정들이 지나가기 전에 새로운 반려견을 입양한다는 것은 우리가 정서적으로 다시 건강해질 수 있는 과정들을 생략하는 것이므로 나중에 큰 슬픔이 왔을 때 더 심각한 상실을 불러올수 있다.

내 마음속의 모든 상실감이 지나간 후 떠나간 아이와 삶의 추억들을 행복하게 회상할 수 있을 때 비로소 새 생명을 입양하는 것이 옳은 방법이다. 이때 유기견보호센터에서 입양한다면 더욱 뜻깊은 일이 될 수 있다.

우리를 더 인간답게 하는 펫로스

'죽음은 누구도 회복할 수 없는 마음의 상처를 남기지만 사랑은 누구도 빼앗아갈 수 없는 추억을 남긴다'는 아일랜드의 어느 묘비명은 반려동물이 떠나면서 우리에게 남기고 간 상처가 잘 아물면 결국은 사랑이 된다는 의미를 역설적으로 표현해준다. 펫로스로 인해 이렇게 아프고 우울감이 큰 것은 떠나간 아이와의 깊은 사랑과 유대관계가 남긴 유산이며 이런 깊은 유대감을 통해 그들이 떠나면서 우리를 더 인간답게 만들어주었다고 생각해야 한다. 또 이런 상실감은 내 삶을 변화시킬 수 있으며 새로운 에너지를 만들 수 있는 연료를 충전했다는 의미를 가진다.

시간이 흐르고 상실감들이 정리되고 나면 떠난 반려동물은 우리의 일부였음을 비로소 느끼게 된다. 그러나 사실은 생전에도 그들은 우리의 일부였는데 단지 그것을 못 느꼈을 뿐이다. 결국 이 친구들이 우리 곁을 떠나야 그들이 우리 삶의 일부였다는 것을 절실히 깨닫게 되고 우리 삶의 일부가 허망하게 내 삶에서 빠져나갔기 때문에 힘들어하는 것이다.

아이들과의 이별을 통해 모든 삶에는 끝이 있다는 것과 죽음이 삶의 한 부분이라는 것 그리고 내 삶뿐 아니라 우리가 사랑하는 사람들의 삶도 소중하다는 것도 깨닫게 된다. 일반적으로 사람들은 이별을 통해 아픔을 치유하고 멋진 추억을 만들어내는 법을 배우게 되는데 그중에서도 반려견과 함께한 삶과 이별은 우리 삶을 더 풍요롭게 해주는 너무나 소중한 경험임에 틀림없다.

열 살이 된 근돌이와 함께 살아오면서 한때 활력이 넘쳤던 강아지 시절부터 노쇠해 움직임이 둔화되는 지금까지의 과정을 지켜보면서 노화와 죽음에 대해 많은 것을 생각하게 된다. 결국 이 세상에 영원한 것은 없으며 나도 나이를 먹고 늙어간다는 것 그리고 죽음은 두려워할 대상이 아니고 자연스럽게 받아들여야 하는 삶의 한 과정이라는 것을 알게 해준 것에 감사한다. 근돌이와의 소중한 시간을 허투루 낭비하지 않고 알차게 보내야 근돌이가 떠난 후에 내가 덜 아파할 것이라는 믿음도 가지게 된다.

메멘토 모리(Memento Mori)!

'당신도 언젠가 죽게 되니 죽음을 잊지 말라'는 로마시대 개선장군들의 겸손한 외침은 결국 언젠가 다가올 죽음을 인정하고 현재 삶의 아름다움과 가치에 더 무게를 두고 하루하루를 살아가야 한다는 의미가 아닐까.

5장

반려견
라이프플래너의
토탈 솔루션

반려견과 하루 1만 보 걷기의 숨겨진 비밀

독일 자를란트대학교 연구팀이 30~60세 성인 남녀 69명을 대상으로 '규칙적인 운동이 신체에 가져오는 효과'에 대해 연구했다. 그 결과 매일 25분씩 빠른 걸음으로 꾸준히 걸으면 심장질환으로 인한 사망 위험이 반으로 줄어들고 수명이 최대 7년 더 늘어난다고 한다.

성인 남자를 기준으로 하루에 음식으로 섭취하는 칼로리가 2,500~3,000kcal 정도인데, 이 중 1,500kcal는 신진대사에 꼭 필요한 열량이고 700~1,200kcal 정도는 일상생활로 소모된다고 한다. 그리고 나면 약 300kcal 정도가 우리 몸속에 남는데, 문제는 하루에 이 정도의 열량이 계속 체내에 쌓여서 배출이 안 될 경우 고혈압, 당뇨, 심혈관계질환 등 각종 성인병 발병의 원인이 된다는 것이다.

통상 성인들은 30보 걸음에 1kcal의 열량을 사용한다고 한다. 그렇다면 몸속에 남아 있는 300kcal를 전체 소모하려면, 하루에 최소 1만 보 정도는 운동해야 남은 열량이 다 없어진다는 계산이 나온다. 하루에 1만 보를 걸으려면 6~7km를 걸어야 하며, 분당 100보의 걸음으로 대략 1시간 30분에서 2시간 정도 걷는 시간이 필요하다.

근돌이가 우리 집에 온 후, 겨울을 제외하면 하루에 두 번 산책을 나간다. 나는 이 시간을 통해 하루에 약 7,000~8,000보를 걷는 편이다. 시간이 여유로운 주말 이틀 동안은 평상시보다 산책 시간을 더 늘려 평균적으로 하루 1만~1만 5,000보 이상 걷는다.

아침저녁으로 근돌이와 산책한 지도 벌써 10년이 다 되었다. 비가 오나 눈이 오나, 추우나 더우나 매일 하루 50~60분 정도 산책은 우리 부자에겐 빼놓을 수 없는 중요한 일과가 되었다. 이 정도면 내가 하루에 소모해야 하는 잉여 칼로리의 반 이상은 근돌이와의 산책으로 없어진다.

지난 10년간 근돌이와 걸은 걸음 수만 총 2,500만 보가 넘는다. 낮에 혼자 추가로 걷는 4,000~5,000보도 근돌이와 함께하면서 시작했으니, 근돌이는 지난 10년간 나의 1만 보 걷기와 건강 관리에 일등공신인 셈이다.

사람들은 근돌이를 보면 "넌 아빠 잘 만나서 좋겠다"라고 얘기한다. 그런데 사실은 내 건강이 좋아지고 있으니 거꾸로 내가 이 아이를 잘 만나 행복해진 것에 대해 근돌이에게 진정으로 고마워

해야 할 입장이다.

산책하며 함께 할 수 있는 반려인 운동법

반려견과 산책 시에 내가 원하는 만큼 그리고 운동이 되는 빠른 속도로 반려견이 움직여주지는 않는다. 그래서 산책 시에 반려인에게 도움이 될 만한 몇 가지 다른 운동을 소개하고자 한다.

까치발과 케겔 운동

이 2가지는 반려견이 노즈워크를 하면서 몇 초간 멈추었을 때 할 수 있는 최적의 운동이다. 까치발은 '제2의 심장'이라고 하는 종아리의 근육량을 늘려주는 운동이다. 저녁만 되면 붓는 다리 부종과 기립성 저혈압, 노년의 낙상 사고, 하지정맥류 등의 예방을 돕고, 우리 몸의 혈액순환을 원활하게 해 신진대사를 도와준다.

처음에는 양발 뒤꿈치를 들어 올리고 좀 더 익숙해지면 한 발로 까치발에 도전해보면 좋다. 한 발 까치발 동작이 어려우면 한쪽 발바닥 전체로만 서는 동작도 몸의 균형과 단전운동에 도움이 된다.

케겔 운동은 괄약근을 강하게 해주어 중노년층들의 비뇨기계 순환이나 성 기능에 효과가 있다. 이 2가지 운동을 동시에 할 수 있다. 이를테면 까치발로 뒤꿈치를 들어 올린 상태에서 케겔 운동을 같이 하는 것이다. 처음에는 쉽지 않으나 하다 보면 조금씩 익숙해진다.

복식호흡을 활용한 명상

사람들은 대부분 흉부를 움직이면서 하는 흉식호흡이 일반적인데, 배를 움직여서 하는 복식호흡을 하면 우리의 심폐 기능이 좋아지고 부교감신경이 활성화된다. 또한 긴장된 몸을 이완시켜 심리적인 안정을 가져다주므로 우울증과 불면증 치료에 도움이 된다. 나는 근돌이와 산책 시 스트레스를 다스리는 데 도움이 되는 여러 가지 호흡법(깊은 호흡법, 활력 호흡법, 에너지 모으기 호흡법, 스트레스 해소 호흡법 등)을 응용해서 시도해본다.

특히 산책 시에 호흡 명상과 바디스캔 명상 그리고 소리 명상을 통해 긴장을 이완시키고 머릿속에 떠오르는 잡념을 없애는 산책 명상을 하기도 한다. 걷기 명상은 집중력을 키우는 데에도 도움이 된다.

빨리 걷기, 보폭 넓혀 걷기

반려견과 40~50분 산책하는 동안 10~20분 정도는 의도적으로 걷는 속도를 올리거나 보폭을 넓혀 빨리 걷는다. 반려견도 속도를 맞추기 위해 빨리 걸어서 심장이 더 빨리 뛰므로 운동 효과도 더 높다.

반려견과의 1만 보 산책을 통해 수명이 7년 연장된다면 여러분은 늘어난 7년을 어떻게 사용하길 원하는가? 그리고 당신과 함께하는 반려견의 건강 수명은 몇 년 더 늘어날까? 오늘부터 스마트

폰에 만보기 앱을 깔고 하루 1만 보 걷기를 실천해보길 바란다. 모든 것은 한 걸음부터 시작된다는 진리는 여기에도 적용된다. 걷기를 통해 당신의 인생이 달라지고 함께하는 반려견의 삶도 질적으로 바뀔 것이다.

실내에서 생활하는 반려견에게 필요한 것들

제한된 실내 공간에서 생활하는 반려견들은 자신의 환경을 주도적으로 바꿀 수가 없기 때문에 많은 스트레스를 받는다. '동물(動物)'이란 말 그대로 이들은 움직이며 살아가는 생명체들이다. 따라서 오랜 시간 집 안에 갇혀 지내면서 산책하지 못하거나 친구들과 사회적인 접촉이 없을 경우 분리불안, 짖음, 물건 물어뜯기 등 여러 가지 비정상적인 행동들이 나타난다. 이런 행동들은 대부분 본능을 채워줄 수 있는 활동을 마음껏 하지 못한 데에서 비롯된다. 야생에서 멀어진 반려견들에게 최대한 그와 비슷한 환경을 만들어주는 것이 행동 풍부화인데, 실내 생활을 하는 반려견들은 이런 활동이 제한될 수밖에 없다.

행동 풍부화 활동에는 반려견들이 스스로 생각하고 판단하게 해서 정신적인 자극을 주는 인지 풍부화와 오감을 활용한 감각 풍부화, 물리적인 환경을 바꿔주는 환경 풍부화, 사회적인 친구 관계에 대한 사회관계 풍부화 및 먹이를 주는 장소나 방법, 종류에 대한 먹이 풍부화 프로그램 등이 있다. 요즘은 반려견 유치원에서도 여러 가지 행동 풍부화 개념이 들어간 놀이 프로그램을 만들어 반려견의 감각과 본능을 자극해준다.

행동 풍부화 프로그램 중에는 집에서도 간단하게 할 수 있는 것들이 많다. 비싼 도구를 사지 않고도 주변에서 손쉽게 구할 수 있는 재료를 가지고 집에서 할 수 있는 풍부화 프로그램을 알아보자.

먹이 풍부화 프로그램

매일 먹는 음식을 동일한 장소나 그릇에 주지 않고 다르게 먹이는 방법이다. 그릇 모양과 먹이 주는 장소, 먹이 형태를 바꾸어보는 것(질감의 변화를 준다든가)이 일차적인 방법이다. 실내에서는 잘 안 보이는 곳에 먹이를 놓아두자. 그러면 반려견들이 후각을 이용해 일일이 먹이를 찾아다니면서 먹을 수 있어 오감을 자극할 수 있다. 또 사료나 간식을 장난감에 넣어 건드렸을 때 나오게 하는 먹이 공급용 토이나 노즈워크 담요에 넣어주면 훨씬 흥미를 보인다.

보물찾기처럼 사료나 간식을 찾아 먹게 하는 것도 본능을 자극하는 방법이다. 작은 종이에 싸서 주거나 상자 속에 넣어두는 방법, 헌 옷과 양말, 모자, 방석, 그릇 등에 먹이를 숨겨 찾아 먹게 하는 것은 쉬운 방법이지만 아이들이 일상의 단조로움에서 벗어나게 해준다. 반려견들한테 집 안 구석구석과 생활용품들이 신기한 놀이터가 되고 생각할 수 있게 해주는 훌륭한 풍부화 프로그램이다. 또 매일 먹는 사료에서 벗어나 가끔씩 특별한 자연식을 주는 것도 먹이 풍부화에서는 빼놓을 수 없는 중요한 활동이 된다.

인지 풍부화 프로그램

다양한 매개물을 활용해서 스스로 생각하고 판단할 수 있도록 정신적인 자극을 주는 활동을 통틀어 인지 풍부화 프로그램이라고 한다. 이는 반려견을 자유롭게 해서 일상의 무료함을 없애준다. 한마디로 반려견이 스스로 생각할 수 있게 하는 것이 목적이다.

실외에서 하는 대표적인 인지 풍부화 프로그램을 '어질리티 (Agility)'라 부르는데 주로 보호자가 반려견과 같이 뛰면서 장애물을 피해 목표 지점까지 빨리 도달하는 놀이다. 요즘은 실내용 어질리티 놀이기구도 나와 있다. 그 밖에 공이나 원반 던지기도 인지 풍부화를 위한 대표적인 프로그램이다. 특히 실내에서도 할 수 있는 '터그 놀이'는 반려견들의 자신감 형성과 충동 조절 및 물고 뜯는 욕구를 풀 수 있는 좋은 놀이다.

이런 인지 풍부화 놀이를 할 때는 간식을 보상으로 활용하면 효과를 극대화할 수 있다. 내가 근돌이와 집에서 하는 인지 프로그램 놀이는 숨바꼭질이다. 나는 집 안의 외진 곳이나 문 뒤에 숨어서 작은 소리를 낸다. 그 소리를 듣고 근돌이가 찾아오면 간식으로 보상을 해주는데 쉬우면서도 반려견들이 매우 흥미를 가지는 놀이다.

사회관계 풍부화 프로그램

사회관계 프로그램에서 가장 중요한 것은 단연코 산책에서 만나는 친구들이다. 반려견들도 인간과 마찬가지로 사회적 동물이기에 산책이나 애견카페, 반려견 놀이공원과 반려견 유치원 등에서 친구들을 만나 꾸준히 사회성을 길러주어야 한다. 반려견들의 사회화는 일정 시기에만 하는 것이 아니고 평생 지속해야 한다. 그러나 모든 강아지가 친구들을 반기거나 만나는 것을 즐기지는 않는다. 따라서 조금씩 시간을 늘려가며 꾸준히 다른 친구들과 사회성을 키워보자.

산책 시에는 코스를 자주 바꾸어 강아지가 새로운 곳에 가서 냄새를 맡게 해주는 것도 중요하다. 강아지들도 특별히 좋아하는 친구들이 있다. 만일 동네에서 산책할 때 거부감 없이 잘 노는 반려견을 만났다면, 시간대를 맞추어 산책을 같이하면서 친구를 만들어주는 것도 좋다. 산책 시에 강아지 외에도 주변에서 쉽게 볼 수 있는 고양이, 비둘기, 오리, 청설모 등 다른 동물과 자연스럽게 친해지는 것도 사회화에 도움이 된다.

감각 자극 풍부화 프로그램

반려견의 감각기관을 자극해 호기심과 본능을 불러일으키는 프로그램으로 후각과 청각, 시각을 자극해주는 것이 대표적이다. 앞에서 설명한 음식 냄새를 이용해 후각을 자극하는 놀이와 오토바이, 자동차, 벨 소리와 공사 소리 등 각종 소음에 민감하게 반응하지 않도록 자연과 생활환경 소리를 자주 들려주는 것이 있다.

요즘 많이 사용하는 반려견용 자동 로봇은 좋은 놀이 친구다. 혼자 있을 때도 로봇을 통해 보호자의 목소리를 들을 수 있고 시간에 맞춰 간식도 제공해주므로 누군가 같이 있는 느낌을 줄 수가 있다. 또 낮에 혼자 있는 강아지를 위해 반려견 전용 케이블 TV를 틀어놓고 출근하거나 강아지들이 좋아하는 음악을 틀어주어 자극을 받게 해주는 것도 감각 자극에 유용한 프로그램이다. 또 후각에 민감한 개의 특성을 활용, 반려견용 아로마를 구입해서 취침이나 마사지에 사용하거나 병원 방문, 목욕, 미용 등 스트레스를 받을 때 사용해보면 일석이조의 효과를 볼 수 있다.

물리적 환경 풍부화 프로그램

반려견이 생활하는 공간에 변화를 주어 새로움을 느끼게 하는 풍부화 방법이다. 잠자리와 휴식, 식사, 배변 공간들을 가끔씩 바꿔보자. 똑같은 생활 패턴에 변화가 생겨 흥미를 유발할 수 있는데 때론 반려인이 사용하는 가구나 공간의 재배치도 아이들에겐 새로움으로 다가온다. 또 외부에서 새로운 생활환경을 경험하게 해주는 것도 필요하다. 반려견 수영장에 가서 수영을 같이하는 것과 트레킹이나 산행 같이하기, 반려견 카페에 가서 공풀에서 뒹굴기, 야외 캠핑에서 오붓한 시간을 보내는 것도 추천한다.

캠핑장에 갈 시간이 없다면 집 안에서 가끔 텐트를 치고 노는 것도 아이들에게는 새로운 느낌을 주는 훌륭한 놀이다. 그러나 아무리 좋은 풍부화 프로그램을 짜서 같이 놀아준다고 해도 결국 반려견에게 가장 중요한 것은 외부에서 노즈워크를 할 수 있는 정기적인 산책과 친구와의 만남, 보호자와의 진정한 교감이다. 그 무엇도 이것을 대신할 수는 없다. 다만 반려인이 출장을 가거나 며칠간 야근하는 경우라면 앞에 소개한 여러 가지 도구를 이용해 행동 풍부화 프로그램을 활용해보자. 기본적으로 아이들의 정서적 건강에 많은 도움이 될 것이다.

독신 반려인들의 고민

지방의 대학을 졸업하고 작년 초 서울 소재 기업에 취직한 K 씨는 난생처음 자취방에서 독립생활을 하게 되었다. 그러나 가족과 떨어져 사는 대도시 생활에 외로움을 느끼던 K 씨는 코로나19로 재택근무가 늘어나자 얼마 전 시골집에서 키우던 포메라니안 '장군이'를 자취방으로 데리고 와 같이 지내고 있다. 그러나 K 씨가 출근할 때나 외부 일로 집을 비울 때면 장군이는 혼자 있는 것에 잘 적응하지 못해 분리불안 증세를 보였다. 고민 끝에 K 씨는 장군이와 같이 놀 수 있는 반려견 인공지능 장난감을 구해주고 반려인 목소리도 들을 수 있는 쌍방향 홈 CCTV을 설치했다. 다행히 장군이는 AI 장난감과 펫 테크 용품을 집에 설치한 후부터 분리불안 증세가 조금 줄어들었다고 한다.

독신 반려인들의 가장 큰 고민은 '집에 혼자 남은 반려견을 어떻게 돌볼 것인가'이다. 식사는 출근할 때 챙겨줄 수 있지만 낮에는 놀이와 운동, 실내온도 등 여러 가지 환경에 신경 써줄 수 없기 때문이다. K 씨와 같은 독신의 반려인들을 위해 최근에 반려동물을 안전하고 편리하게 돌보는 데 도움이 되는 펫 테크 제품들이 속속 출시되고 있다.

현재 국내에서 가장 보편적으로 사용하고 있는 3대 펫 테크 용품은 자동 사료&물 급여기, 반려동물 CCTV 카메라와 자동 장난감이다. 우리나라도 반려견을 키우는 가구의 73%가 반려동물용 전자제품을 사용 중인데 특히 자동 급식·급수기는 반려견 가구의 38%에서, 홈 CCTV 카메라는 28%, 자동 장난감은 25%의 가구에서 이미 사용하고 있다.

이외에도 MZ세대 반려인들은 첨단 펫 테크 제품인 운동량 측정기 및 GPS 위치추적기, 의사소통 지원 스마트 기기, 자동 화장실 등에도 관심이 많고 다양한 펫 테크 용품을 활용해 반려동물을 케어하고 싶어 한다. 초기 펫 테크 제품들이 주로 건강 관리나 배식 등에 중점을 두었다면, 현재는 소통과 건강이란 트렌드에 따라 쌍방향으로 소통하는 인공지능 장난감이나 훈련용품, 건강 관련 용품들, 반려견의 감정을 읽어 보호자에게 전달해주는 다양한 펫 테크 제품들이 개발되고 있다. 이들 펫 테크 제품들은 사물인터넷(IoT), 인공지능(AI), 빅데이터 기술과 결합되어 반려동물과 반려인 모두에게 자율성이 더 부여되고 또 떨어져 있어도 반려인과의 결속력을 강화시키는 데 중점을 두었다.

인기 펫 테크 상품군

현재 국내외에서 개발되어 인기를 얻고 있는 대표적인 펫 테크 제품은 무엇이고, 이들 펫 테크 용품을 똑똑하고 야무지게 활용하는 방법은 무엇인지 알아보자. 편의상 펫 테크 제품들을 크게 5가지로 분류했다.

CCTV 카메라

자동 급식·급수기와 더불어 필수 아이템으로 자리 잡은 반려용품이다. 최근엔 국내 통신사와 보안 전문업체에서도 이 시장에 뛰어들어 카메라와 펫 피트니스 장난감을 세트로 기획해 반려동물의 스마트 홈패키지 상품을 내놓고 있다. 최근 반려동물 CCTV 카메라는 반려인이 외부에서 말하는 소리를 반려견이 집에서 들을 수 있는 쌍방향 소통 시스템을 기반으로 설계되어 있다. 반려인은 외부에서 휴대폰으로 영상을 확인하면서 반려견에게 자기 목소리를 들려주는 것이다.

자동 급식·급수기

대부분의 MZ세대 반려인들에게 자동 급식·급수기는 필수가 된 지 오래다. 특히 최근에는 보호자가 외부에 있을 때 스마트폰으로 원격제어를 통해 시간을 정해 밥이나 물을 줄 수 있는 스마트 급식기들에 많은 관심을 보이고 있다. 이런 기능이 들어간 제품들은 갑작스러운 외부 일로 귀가 시간이 늦어질 경우 상대적으로 탄력적인 대응이 가능하다는 이점이 있다. 또 기기상의 문제로 사료나 물 공급에 문제가 발생 시에 자동으로 반려인에게 알람이 전송되도록 시스템화되어 있어 반려인들은 급식이나 급수 중단에 대해 신속한 대응이 가능하다는 장점이 있다.

인공지능 장난감/훈련 도구

반려동물을 위한 가장 일반적인 자동 장난감은 반려동물과 같이 움직이며 간식을 주는 자동 로봇이다. 펫시터 로봇 '패디'도 이와 유사한 자동 로봇인데 이 제품은 센서를 통해 스스로 반려동물을 감지해 돌아다닌다. 급식 기능을 갖추었을 뿐 아니라 반려견과 놀이도 할 수 있으며 쌍방향 영상통화까지 가능한 진화된 인공지능 장난감이다. 또 다른 제품인 '바램펫'은 반려동물이 지루해하지 않도록 설정한 시간대에 맞게 움직이면서 반려견에게 간식을 제공하며 반려견을 운동시키는 역할을 목적으로 개발된 펫 피트니스 로봇이다. 이처럼 반려견을 위한 로봇 제품이 출시되어 있지만 아직 이 분야에서 반려인들을 크게 만족시키는 제품들이 나오려면 좀 더 시간이 필요할 것으로 보인다. 앞으로 섬세한 제품으로 반려인들을 만족시켜줄 새로운 제품에 기대를 걸어본다.

건강 플랫폼 서비스 & 건강검진 키트

'펠카나(Felcana)'는 영국에서 개발된 서비스로, 반려동물에게 스마트 액세서리를 부착한 후 활동 정보를 실시간으로 수집해 이상

징후를 모니터링하는 반려동물 건강 관리 서비스다. 여기에서 수집된 데이터는 AI 머신러닝과 전문 의료진이 분석해 반려인이 미처 발견하지 못하는 건강 문제를 조기 발견하고 치료할 수 있게 지원해준다.

'포슘(Pawssum)'은 호주에서 개발된 모바일 앱을 이용한 맞춤형 병원 방문 예약 서비스로 반려인이 편리한 시간에 수의사가 직접 가정을 방문해 반려동물을 진료하는 플랫폼 서비스다. 반려인은 병원으로 방문하지 않아도 되고 수의사는 직접 병원을 운영할 필요 없어 비용과 근무시간에서 자유로운 장점이 있다.

'플러스 사이클(Pluscycle)'은 일본에서 개발한 시스템으로 반려동물의 몸에 작은 센서를 부착한 후 활동량을 디지털로 측정해 몸의 이상을 감지하는 것이다. 주로 활동량, 휴게 시간, 점프 횟수, 수면 시간 등의 움직임을 감지해 반려인의 스마트폰으로 데이터를 전송하고 이상 징후를 분석해 알려준다.

소변검사 / 치주질환균 검사 키트

국내 반려동물 스타트업인 '핏펫(Fitpet)'은 국내 최초로 반려동물의 구강 검사 키트인 '어헤드덴탈(Ahead Dental)'을 선보였다. 반려동물의 치은염, 치주염 등 치주질환을 유발하는 원인균을 쉽게 검출해주는 간이 검사 키트로 1분 안에 결과가 확인된다. 또 '유리벳 코리아'는 시약이 부착된 검사지에 반려동물의 소변을 묻힌 후 스마트폰 카메라로 촬영하면 1분 이내에 앱을 통해 5가지 내과 질환을 확인할 수 있는 반려동물 AI 소변 진단검사 키트인 '유리벳10'을 출시했다.

감정 분석 시스템

'펫펄스(Petpuls)'는 목걸이 형태의 웨어러블 스마트 기기로 반려견의 음성을 분석해 연동된 스마트폰 앱을 통해 반려견의 감정 상태를 알려주고 신체 상태와 활동을 기록해준다. 반려견의 감정 상태를 안정, 행복, 불안, 분노, 슬픔 5가지로 구분해주며 데이터가 축적될수록 정확도는 더 높아지게 설계되어 있다.

'이누파시(Inupathy)'는 하네스 형태의 웨어러블 스마트 기기로 반려견에게 채워주면 심장박동 리듬을 가지고 반려견의 5가지 감정 상태를 분석해주는 시스템이다. 편안(Relaxed), 긴장(Nervous), 관심(Interested), 행복(Happy), 스트레스(Stress) 5단계의 감정 상태를 분석해서 LED 불빛으로 구분해 알려준다.

이외에도 모바일 앱이나 소프트웨어 기반 플랫폼의 인터넷 전문 업체들은 수의사 상담, 동물 병원 예약, 펫시터, 반려동물 택시, 미용이나 장례 서비스 등 관련 업체를 연결해주는 서비스로 활동 영역을 점점 더 넓혀가는 중이다.

이런 펫 테크 제품을 사용해본 반려인들은 대부분 기능에 만족하는 편이지만 가장 많이 사용하는 3대 펫 테크 제품들에 대한 소비자들의 불만 요인들도 꽤 있는 편이다. 먼저 CCTV나 자동 급식기들은 가격이 너무 비싸고 오작동이 많은 것이 주요 불만 사항이다. 자동 장난감은 반려견이 불편해하거나 유용성이 떨어진다는 지적들이 나오고 있다. 결론적으로 현재 출시된 펫 테크 제품들은 아직 가격이 너무 비싸 반려인들이 쉽게 사용하기에 부담이 된다는 것과 일부 제품들의 기능이 효율적이지 못하다는 문제가 제기되고 있다.

이와 같은 펫 테크 제품들은 반려인들이 시간적 공간적 제약을 벗어나 비록 같이 있지 않아도 반려동물의 활동을 감지해주고 외로움을 덜어준다는 면에서는 독신의 반려인들에게 아이들 케어에 대안이 될 수 있다. 그러나 사회적인 관계를 맺고 보호자와 교감을 나눠야 건강해지는 반려견들에게 이런 첨단 케어 제품들이 가장 중요한 산책이나 교감 등 인간과 동물의 직접적인 유대관계를 전적으로 대신해주지는 못한다. 반려견 케어에서 보조적인 수단으로 활용하는 것이 적절하다.

그러면 앞으로 이런 첨단 펫 테크 제품들은 어떻게 변화하고 진보하게 될까? 아마도 반려견과 좀 더 정교하게 놀아주고 훈련하는 로봇들이 등장할 것이고 또 반려인이 외부에 있어도 같이 있는 느낌을 주는 쌍방향 소통과 교감 기능이 들어간 제품들이 대거 등장할 것이다. 또 아이들의 건강을 정밀하게 체크해주며 관리하는 건강 관리 앱과 플랫폼들은 훨씬 다양화되고 세분화될 것으로 전망된다.

자연식과 사료의 고민

식사 시간만 되면 식탁 옆에 다소곳이 앉아 음식을 주기를 기다리는 강아지를 보면서 늘 생각이 꼬리에 꼬리를 문다. 과연 반려견들에게 사료만 줘야 하고 사람이 먹는 음식은 절대 주면 안 되는 것인지, 강아지 사료는 믿기가 어렵다는 말이 많으니 100% 자연식으로 해주어야 할지, 아니면 처음부터 사료와 자연식을 병행해야 하는지, 그렇게 했을 때 어려움은 없는지 등 여러 가지 고민이 가지치기를 한다.

강아지 식생활과 관련한 정보들은 도처에 넘쳐나고 있다. 자연식 요리 방법이나 식사에 영양이나 칼로리를 맞추는 법, 또 아픈 아이들에게 도움이 되는 자연식 만드는 법 등 실로 다양하다. 내가 오랫동안 강아지 식생활과 관련해 공부해오면서 내린 결론은 할 수만 있다면 100% 자연식이 아이들의 식생활에 가장 좋다는 것이다.

그러나 반려인들이 과연 시간을 내 하루 2~3끼 정도를 자연식으로 해줄 수 있을까? 이것은 각자의 환경과 상황에 따라 선택할 수 있는 문제다. 자연식을 해주리라 마음먹는 경우에도 전제는 있다. 아무리 자연식이라고 해도 강아지에게 필요한 기본 영양소와 칼로리는 어느 정도 고려해서 만들어야 한다는 것이다. 그러나 이것도 자연식을 하는 데 가장 핵심적인 문제는 아니다. 왜냐하면 사람들도 식사 때마다 매번 필요한 영양소와 칼로리를 정확히 계산해서 먹지는 않기 때문이다. 정도의 차이는 있겠지만 오늘날 많은 반려인이 사료와 자연식을 병행해서 급여하고 있다고 본다. 따라서 이번 장에서는 더 건강한 자연식을 먹이는 데 도움이 될 몇 가지 핵심적인 사항들을 정리해본다.

평소 자신이 먹는 식재료를 활용해 자연식을 만든다

자연식을 만들 때 처음부터 너무 잘하려고 하면 실패하기 쉽다. 따라서 우선 내가 평소에 먹는 식재료를 가지고 강아지 자연식을 만들어준다는 큰 원칙을 세운다. 육류는 소고기, 돼지고기, 닭고기 중에서 기름기 없는 부분을 고르고, 고등어, 임연수어, 연어 등의 생선류는 가시와 머리 및 내장을 잘 발라내고 염분을 제거한다. 당근, 파프리카, 브로콜리, 무, 버섯, 양배추, 토마토 등 우리가 일반적으로 먹는 채소류로도 강아지 자연식을 만드는 데 좋은 재료들이다. 그러나 사람들 음식처럼 기름에 튀기거나 양념을 넣고 끓이거나 졸이는 방식이 아닌, 찌거나 삶거나 데치거나 굽는 방식으로 요리한다. 염분과 당분, 유분과 향신료 등은 피하거나 최소한도의 조미료만 사용해서 만드는 것이 기본 원칙이다.

수분을 고려해서 만든다

사람이나 강아지나 몸의 대부분이 물로 이루어져 있어 충분한 수분 섭취가 매우 중요하다. 강아지들은 딱딱한 사료만 먹고 물은 잘 안 마시는 경우가 많아 수분 부족으로 결석이나 담석 등 여러 가지 문제가 생기기 쉽다. 자연식의 좋은 점 하나는 식사를 통해서 기본적으로 수분을 잘 섭취할 수 있다는 것이다. 우리가 먹는 된장을 사용해 심심한 소고기 된장국을 만들어도 좋고 다랑어, 재첩, 닭 등의 육수를 만들어놓았다가 사료에 부어주고 고기나 채소 몇 개를 삶아서 넣어주면 딱딱한 사료를 먹는 아이들은 새로운 맛에 생기가 돌아 잘 먹게 되며 동시에 자연스럽게 수분도 섭취할 수 있다.

영양소 비율을 맞춰서 만든다

탄수화물, 단백질, 지방의 3대 영양소는 꼭 필요한 에너지원이므로 자연식을 만드는 데도 아주 중요하다. 이외에도 칼슘이나 인, 마그네슘, 칼륨 등의 미네랄과 강아지들이 체내에서 충분히 합성하지 못하는 비타민 등은 음식으로 섭취해야 한다. 이 모든 영양소들을 매번 정확히 계산하기는 어려우니 3대 영양소의 주재료가 되는 고기나 생선류(단백질, 지방), 에너지원이 되는 채소류(비타민과 미네랄), 곡물류(탄수화물) 등의 식재료를 1(고기, 생선):1~1.5(채소류):0.5(곡물류)의 비율로 구성하면 영양소나 칼로리가 적절히 균형 잡힌 자연식이 된다.

건강 파우더를 활용한다

강아지마다 식성과 입맛도 매우 다르다. 어떤 강아지는 아무것이나 잘 먹지만 또 일부 강아지들은 식성이 까다로워 좋아하는 식재료 이외에는 잘 먹지 않아 보호자들을 애태운다. 또 아픈 아이들이나 노령견들은 딱딱한 사료보다 좀 더 부드러운 음식을 선호한다. 이럴 경우 가끔씩 써먹어야 하는 것이 각종 건강 파우더를 사료에 섞어주는 방법이다.

우선 시중에 소간, 북어, 닭가슴살, 오리, 칼슘 파우더 등과 같은 영양소별 분말 제품들이 나와 있다. 그러나 문제는 이런 파우더들을 식사 때마다 사료와 같이 섞어주면 습관이 되어 나중에 사료만 주면 먹지 않을 수도 있다는 것이다. 따라서 부정기적으로 최소의 양으로 식사를 유도할 때 사용하는 것이 바람직하다.

주재료는 한꺼번에 손질해 냉장 보관해둔다

매번 식재료를 다듬어 자연식을 만들어주는 것도 쉽지 않다. 따라서 좋아하는 주재료와 기본적인 음식을 손질해서 냉장고에 보관해두고 필요할 때 꺼내 사용하면 훨씬 효율적이다. 다랑어나 다시마, 닭, 재첩 등으로 육수를 만들어 보관해놓으면 기본적인 요리에 국물로 사용해도 되고 사료에 직접 부어줘도 된다. 또 생선류 등은 머리와 내장을 제거한 후 몇 회분으로 나누고 달걀과 단호박 등 채소류도 미리 여유 있게 삶아 놓으면 아이들의 식사 준비에 드는 시간과 번거로움을 대폭 줄일 수 있어 효율적이다.

사료와 자연식 병행 방법 & 횟수

주말을 활용해서 아이와 같이 먹을 수 있는 식재료를 가지고 나도 먹고 아이도 먹을 수 있는 음식을 만든다면 더없이 행복한 시간이 된다. 문제는 입이 짧은 반려견들이 자연식에 입이 길들여지면 점점 사료를 멀리할 수 있다는 것이다. 그러나 이 과정을 슬기롭게 잘 극복하면 반려견들의 건강은 훨씬 더 좋아지고 행동 풍부화(먹이 풍부화) 관점에서도 큰 도움이 된다.

우선 자연식과 사료를 병행해서 급여할 때 사료에 같이 섞어주는 것과 한 끼는 자연식을 주고 한 끼는 사료로 주는 것에 대해서도 의견이 분분하다. 대부분의 책과 전문가들은 사료와 자연식의 소화 시간이 각각 다르기 때문에 끼니별로 구분해서 주는 것이 좋다고 이야기한다. 그러나 나는 그동안 근돌이에게 자연식을 만들어 사료와 같이 혼합해주었다. 특별히 소화 장애가 생기거나 다른 문제가 있다면 따로 분리해서 줘야 하지만 그럴 필요성이 없는 경우 혼합해서 줘도 문제없다. 또 최근에 사료와 혼합해서 줘도 전혀 문제되지 않는다는 내용을 발표한 논문들도 있다.

처음엔 주 1~2회 정도 비율로 시작하다가 점차 주 4~5회로 늘리면 좋은데 나중에는 하루에 한 번은 사료를 먹고 나머지 한 번은 자연식으로 주어 점차 비율을 늘리는 것이 이상적이다. 앞에서 설명했지만 물론 해줄 수만 있다면 모든 식사를 자연식으로 해주는 것이 강아지들에게 가장 좋은 식사 방법이다.

연령별 자연식 준비법

개의 일생은 크게 성장기, 성견기, 노령기로 나뉜다. 젖을 떼고 난 후 1년까지는 많이 먹어야 하는 성장기이고, 보통 10세까지는 많은 에너지가 필요한 성견기다. 10세가 넘으면서 노령기에 접어들게 되므로 저칼로리, 고단백 식사를 해야 한다. 편의상 여기에서는 성장기(1세 이하)와 노령 전기(10~13세), 노령 후기(14세 이상)에 맞는 시기별로 나누어 자연식을 할 때 주의할 사항을 정리해본다.

성장기(1세 이하)

영양 균형이 잘 잡힌 음식이 골고루 필요하다. 월령에 따라 여러 번 나눠주고 식재료를 잘게 다져 부드러워질 때까지 익혀 만들고 음식을 가리지 않고 먹게 하는 것이 중요하다.

노령 전기(10~13세)

저칼로리 단백질 위주의 식사를 해야 하며 기초대사가 떨어지는 시기이므로 항상 몸무게를 보면서 식사량을 조절해서 비만을 경계해야 한다. 반려견이 가진 병이 있다면 해가 되는 식재료들을 사전에 알아보고 세심하게 준비한다.

노령 후기(14세 이상)

평소에 자주 먹던 익숙한 음식을 주되 이빨이 좋지 않으면 죽이나 국물이 있는 식사가 수분 섭취를 위해서 좋다. 한꺼번에 많이 먹지 못할 수도 있으니 여러 번 나누어 조금씩이라도 자주 먹게 해주는 것이 중요하다.

자연식에 좋은 식재료

강아지 자연식은 맛도 중요하고 필수영양소도 골고루 들어가야 하지만 무엇보다 손쉽게 구할 수 있는 식재료를 사용해야 부담스럽지 않다. 반려견 자연식 재료로 손쉽게 구할 수 있으면서 영양과 맛을 낼 수 있는 재료들을 소개한다.

종류	내용
육류	소고기, 닭고기, 돼지고기, 양고기, 간&심장(소, 돼지, 닭), 달걀
생선류	정어리, 고등어, 참치, 연어, 가다랑어, 꽁치, 대구, 장어, 북어
곡물류	현미, 오트밀, 콩, 팥, 깨, 두부, 율무, 수수
조개/해조류	굴, 가리비, 미역, 다시마, 한천, 김, 재첩
채소류	단호박, 바질, 파슬리, 순무, 양배추, 완두콩, 당근, 옥수수, 감자, 피망, 고구마, 토란, 배추, 브로콜리, 연근, 무, 우엉, 참마, 가지, 토마토, 시금치, 셀러리
과일	블루베리, 귤, 파인애플, 사과, 딸기, 복숭아, 키위, 바나나, 수박, 레몬
기타 재료	버섯류(양송이, 표고, 팽이, 새송이 등), 된장, 낫토, 두부, 비지
토핑 재료	생강가루, 사과식초, 율무, 울금, 실다시마, 파래김, 검은깨, 흰깨, 낫토, 요구르트, 가쓰오부시, 저염 치즈 등
금지 재료	파 종류, 초콜릿, 건포도, 카페인, 자일리톨, 연체류, 갑각류, 향신료, 과일의 씨(사과, 배, 감 등), 생선의 뼈와 내장

반려견과의 공감 키우기, 동반 명상

우리 삶에 명상이 필요한 이유

현대인들은 많은 상처를 입으며 살아간다. 몸에 난 상처는 시간이 흐르면서 자연스럽게 치유되지만 마음속 상처는 시간이 지날수록 우리를 괴롭히며 불안, 초조, 우울증, 대인기피증으로 커져 사람들의 정신을 갉아먹는다. 명상은 이러한 내면의 상처를 치유하는 데 도움이 된다. 내면의 상처를 스스로 치유하는 방법으로 명상이 도움이 된다.

현대인들에게 명상은 생각과 감정을 다스리게 해주며 마음이 아픈 사람들의 내면을 평안하게 해주는 정신수련이다. 모든 것을 긍정적으로 생각하는 바탕 위에서 신체를 이완하고 현재에 집중하는 명상을 하면 세포의 노화를 방지해주는 호르몬인 엔도르핀과 세로토닌이 분비되며 궁극적으로 마음에도 평안이 찾아온다.

반려견을 쓰다듬거나 같이 있는 것만으로도 사람들은 많은 위안을 받는다. 또 반려견과 함께하는 명상은 반려인들의 마음뿐 아니라 보호자와 함께하는 강아지에게도 우리가 느끼는 심신의 이완 효과가 나타나 아이들과의 연대감도 훨씬 깊어진다. 반려견 동반 명상을 통해 우리는 반려견과 하나가 되며 심오한 평안과 만족감을 느낄 수 있게 된다.

반려견과 함께 명상하는 방법

호주의 비영리 학술 매체인 〈더 컨버세이션(The Conversation)〉에서는 '코로나 팬데믹 시대에 집에서 사람들이 정신건강을 챙길 수 있는 방법'이라는 연구 결과를 발표했는데, 그중 하나로 반려견과 명상하기를 강력히 추천했다. 방해받지 않는 공간에 반려견과 같이 앉아 반려견 몸 위에 손을 올려놓은 다음 눈을 감고 심호흡을 하면서 손끝으로 반려견의 체온과 털의 감촉을 느껴보는 것이다. 반려견과의 명상을 통해 옥시토신이 주는 마음의 이완과 도파민이 주는 보상과 위안을 받을 수 있어 우울감을 줄여주며 자신의 반려견과는 유대감이 더욱 깊어질 수 있다고 한다.

그런데 반려견과의 명상에는 현실적인 제약 요인들이 따른다. 반려견의 움직임을 제어하기가 어려워 좌선을 한 채 조용히 앉아 그들과 동반 명상을 하기가 쉽지 않은 것이다. 따라서 반려견 동반 명상을 하는 데 가장 적절한 방법은 '걷기 명상'이다. 매일 반려견과 산책하는 동안 걷기 명상을 수행하는 것이 반려인들에게는 가

장 접근하기 쉬워 효과적이다. 반려인들이 반려견과 효과적으로
할 수 있는 3가지 걷기 명상법을 소개해본다.

호흡 명상

호흡 명상은 가장 기본이 되는 명상법이다. 들숨과 날숨을 그대
로 느끼며 걷는 동안 호흡에만 의식을 집중하는 것은 걷기 명상에
서 가장 먼저 해보면서 익숙해져야 할 과정이다. 그러나 걷는 동안
우리의 생각은 현재에 있지 않고 과거나 미래를 돌아다닌다. 내 마
음이 다른 곳으로 달아나면 그것을 바로 알아차리고 바로 지금 여
기(호흡)로 돌아오기만 하면 된다.

호흡 명상이 간단한 것 같아도 결코 쉽지만은 않다. 들숨과 날
숨이 내 코와 목과 복부로 들어와 호흡기와 장기들이 어떻게 움직
이는지 그리고 어떤 온도와 강도로 호흡이 되는지에만 집중해야
한다.

반려견과 걷기 명상을 제대로 하기 위해서는 인적이 드문 한적
한 곳이 적당하다. 산림욕장이나 바닷가에서 걷기 명상을 할 때는
깨끗한 공기가 내 몸속으로 들어올 때 좋은 에너지도 함께 들어온
다는 생각을 하고 숨을 내쉴 때는 내 몸속의 나쁜 기운들이 밖으로
빠져나간다고 생각하면서 호흡에 집중하면 몰입도가 올라가면서
기의 순환도 함께 이루어진다.

호흡 명상에 집중하지 못하는 초보자들은 날숨과 들숨을 숫자
로 세어가면서 하는 수식관(數息觀) 명상을 같이 하면 집중력이 분

산되는 것에 도움이 된다.

소리 명상

평소 걷기 명상에서 내가 가장 즐겨 하는 방법이다. 반려견과 같이 걸으며 주변에서 나는 소리에 집중하는 것이다. 나는 걸으면서 내 귀에 가장 시끄럽게 들리는 소리에 집중하는 방법과 새롭게 들리는 소리에 집중하는 방법을 번갈아 사용한다.

얼마 전 근돌이와 선자령 트레킹을 갔을 때 소리 명상을 만족스럽게 한 경험이 있다. 걸으면서 들리는 새소리와 계곡의 물소리, 개 짖는 소리, 차와 오토바이 소리와 마을에서 나는 소리, 선자령 언덕의 풍차 바람 소리, 내 걸음 소리 등 시시각각 새롭게 들려오는 다양한 소리들에 오롯이 정신을 집중하며 걸었다. 눈앞에 보이는 선자령과 동해의 자연, 함께 걷는 근돌이와도 일체가 되는 소중한 경험이었다. 소리 명상은 비교적 초보자들이 접근하기 쉽고 반려견과 같이 걸으면서 많은 신경이 분산되지 않고 할 수 있는 명상법이다. 평소 사람들이 많이 다니는 번잡한 곳을 피해서 산이나 바닷가, 둘레길 등 조용한 곳을 찾아가면 소리 명상에 집중하기 더 좋다.

바디스캔(Body Scan) 명상

이 방법은 걸어가면서 우리 몸의 장기, 피부나 근육 등 몸의 각 부분들에 주의를 집중하면서 신체 부분들이 감각을 느끼는 것을 알아차리는 명상법이다. 걸으면서 몸의 각 부분들에 차례로 주의력을 집중해보면 감각들을 느끼게 되는데 우리 몸의 가장 밑부분인 발바닥에서 시작해 종아리, 무릎, 엉덩이, 허리, 복부, 가슴, 목, 얼굴의 각 기관들과 머리까지 순서대로 주의를 집중시켜 감각을 느끼며 걷는다. 또 좀 세밀히 할 경우 신체 부분들을 더 작은 단위로 자세히 나누어서 바디스캔을 할 수도 있다. 원래 이 명상법은 잠이 안 올 때 혼자 누워서 하면 숙면에 도움이 되지만 반려견과 함께 걸으면서도 주의력을 집중하는 훈련법으로 사용하기에 아주 좋다.

반려견들을 위한 레이키 교감법

우주에는 신성한 생명 에너지(또는 사랑의 에너지)가 있는데 이것을 일본어로 레이키(靈氣, ReiKi)라고 한다. 원래 이 명상은 일본의 민간요법 의사인 우수이 미카오 박사가 개발했는데 1990년대 미국에 의해 전 세계로 보급되었다. 미국에서는 대체의학으로 정식 등록 되어 활용되는 에너지 힐링 치료법이다. 우주적 생명 에너지를 이용하는 치유법인데 일본에서 아픈 반려동물을 치유하는 데 사용되면서 '애니멀 레이키 치료법'으로 불린다.

레이키 클래스를 정식으로 마스터한 반려인이라면 아픈 반려동물에 손을 얹고 명상을 통해 우주의 생명 에너지를 아픈 반려동물에게 흘려주면 된다. 명상법이라기보다는 반려동물과의 교감이나 공감 능력을 극대화해서 치유를 돕는 것이다. 이 레이키 교감은 반려견 동반 명상과는 달리 아픈 반려동물의 치유와 평안을 위한 명상법이다.

한국에도 레이키 교감법을 공부한 동물 교감사들이 운영하는 '아픈 반려견을 위한 레이키 힐링 치유 프로그램'이 있다. 이곳에서는 레이키 치유 클래스를 만들어 상담 및 교육을 진행하고 있으니 관심 있는 반려인들은 교육이나 상담을 받아볼 것을 권한다.

반려생활, 명상의 본질

수많은 동물 중에 인간과 공감 능력이 가장 뛰어난 개들과 교감하는 것은 결국 우리 인간들에게 정서적인 안정과 평안함을 가져다준다. 또 이것은 반려인의 몸과 마음을 치유하는 역할도 한다. 현재에 살지 못하고 미래에 방황하는 우리의 마음을 현재에 존재하게 하고 지금 이 순간에 집중하게 하는 것이 명상의 본질이다. 그런데 우리와 같이 지내는 반려견은 일상생활을 통해 이런 명상을 늘 실천하며 살아가기에 우리는 그들이 사는 방법을 통해 명상의 본질을 배울 수 있다.

수학자 파스칼(Pascal)은 "모든 인간의 불행은 조용한 방에서 혼자 가만히 앉아 있을 수 없는 데서 비롯된다"라고 했는데, 이것은 우리 현대인들의 마음이 얼마나 산만한지를 잘 설명해준다. 이제 우리는 반려견과 같이 알아차림 수행(명상이나 교감)을 통해 지금 여기에 집중하며 현재를 살아야 한다. 반려견과의 알아차림 수행은 우리의 직관 능력도 향상시켜주어 그들과 내면적으로 잘 소통할 수 있는 교감 능력도 가져다준다.

사람들은 명상에 집중할 때 긴장이 풀리고 심신이 이완되어 불안감은 사라지고 행복감이 찾아온다. 또 명상은 우리의 면역력을 강화해주고 마치 천연 소염제처럼 통증 관리를 도와주어 궁극적으로는 심오한 평안과 만족감을 가져다준다. 반려동물들은 보호자의 마음과 밀접하게 연결되어 있고 반려인의 감정에 고도로 민감해서 우리가 명상으로 마음이 편안해지면 그들도 우리와 똑같이 만족감과 행복감을 느끼게 된다.

반려견과 같이 하는 걷기 명상 프로그램은 이미 국내 명상치유센터에서 실시한 적이 있다. 마음이 심란하고 복잡한 반려인이라면 이런 프로그램에 참여해서 깊은 숲속에서 반려견과 영적인 동행과 명상의 시간에 젖어보면 좋을 것이다. 반려견 동반 행사를 준비하는 지자체들에서도 향후 반려견들과 함께 걷는 동반 산책 프로그램들을 기획하고 있어 앞으로 반려견 동반 명상 행사가 더 늘어날 것으로 기대해본다.

> 행복한
> 동행을 위한
> 병원 생활 팁

반려인들에게 병원비는 큰 부담이다

반려인들에게 반려견과 생활하는 데 가장 어려운 점이 무엇인지 물어보면 빠지지 않고 나오는 대답이 바로 '병원비에 대한 부담'이다. 2019년 한국소비자연맹에서 실시한 '동물 병원 관련 소비자 인식조사'에 따르면 동물 병원에서 많이 하는 복부초음파 비용은 병원별로 최고 13배 정도 차이가 났다. 수컷 강아지의 중성화 수술비가 5배, 혈액검사도 병원별로 최고 10배 차이 나는 것으로 조사되었다.

이 설문에 응한 반려인들의 84%가 반려동물을 키우는 데 병원비가 가장 부담이 되며 반려동물 진료비 기준 마련이 꼭 필요하다고 응답했다. 청와대 국민청원 게시판에도 들쑥날쑥한 동물 병원비 개선에 대한 청원이 1만 명의 동의를 얻었다. 그만큼 반려동물의 진료비 문제는 반려인 전체에게 뜨거운 관심 사항이다.

현재 동물 병원에는 사람과 같은 질병코드가 없다 보니 병원마다 진료비 차이가 날 수밖에 없다. 개정된 「수의사법」에 따르면 2022년 7월부터는 반려인에게 치료할 내용을 미리 알려줘야 하고 2023년부터는 진료비도 사전에 알려야 한다. 또 현재 질병코드의 표준화 작업 법안도 국회에 발의 중이다.

이번 장에서는 반려인들이 가장 부담스러워하는 반려견의 병원비를 조금이라도 줄이는 방법과 아이들을 위해 좋은 병원을 찾는 팁을 알아보기로 한다.

좋은 병원을 고르는 팁

요즘에 반려동물이 수술 후 갑자기 죽는 사고에 대해 동물 병원 측이 무책임하게 대응하는 것에 대한 진실을 밝히고자 반려인들이 소송을 벌이는 뉴스를 심심치 않게 접한다. 이런 소식을 접하는 많은 반려인은 결국 생명체를 소중하게 다루며 내 아이를 믿고 맡길 수 있는 동물 병원은 과연 어디인지를 고민하게 된다. 이런 일을 겪지 않으려면 양심적이고 신뢰할 수 있는 동물 병원을 가야 한다. 좋은 병원 찾는 노하우 8가지를 소개한다.

산책 동선에 있는 병원 선택하기

아이들에게 병원은 가기 싫은 곳이므로 평소 산책하면서 쉽게 갈 수 있는 동선에 있는 병원을 우선 고려해보는 것이 좋다. 물론 차로 10~30분 거리에 더 좋은 병원이 있다면 그곳도 생각해볼 수 있지만 집 주변 병원은 여러 가지 장점이 있다. 물론 이것은 주로 1차 병원이다.

문진과 청진을 기본으로 하고 소통이 되는 병원 찾기

반려견이 병원에 도착하면 증세가 언제부터 어떻게 나타났는지, 집에서는 어떤 조치를 해주었는지 충분히 물어보고 촉진이나 청진기로 몸 상태를 꼼꼼히 보는 병원은 우선 믿음이 간다. 그러나 자세히 물어보지도 않고 기본 검사부터 해보는 병원은 피해야 한다. 이런 병원일수록 검사 후 치료 방법이나 과정, 복약과 주의 사항 등에 대해 자세히 알려주지 않을 수 있다.

동물을 진심으로 사랑하는 수의사인지 살피기

동물을 진심으로 예뻐하는 수의사들은 아이들을 바라보는 눈빛에서 금방 구별된다. 내 아이처럼 돌보며 치료하는 따뜻한 마음을 가진 수의사인지는 병원 선택에서 중요하다.

보호자에게 선택권을 주는지 알아보기

문진이나 청진, 기본적인 검사 후 치료 방법이나 기간, 비용에 대해 안내하고, 선택해야 할 경우 최종적인 결정은 반려인이 하도록 해주는 병원이 더 신뢰가 간다. 반대로 무조건 검사를 진행하고 이렇게 치료해야 한다고 강요한다면 한번 생각해봐야 한다.

약 처방과 치료는 반드시 검사 후에 하는지 확인하기

기본적인 약을 처방하는 것이면 몰라도 새로운 병이 발병한 경우 반드시 문진과 청진이나 필요한 기본적인 검사 후에 약을 처방하거나 치료 행위를 하는지도 중요하다.

1, 2차 병원을 구분해서 별도로 정해놓기

산책 거리에 있는 동네 병원은 예방접종이나 가벼운 질병 등에 걸렸을 때 쉽게 갈 수 있는 소규모의 1차 병원으로 정해놓고, 노령견의 건강검진이나 수술이 필요한 경우에는 설비가 잘 갖춰져 있고 24시간 운영하는 2차 병원을 정해두는 것이 좋다. 2차 병원도 가능하면 집에서 가까운 거리가 좋다. 현재 다니고 있는 1차 병원의 수의사를 신뢰한다면, 그곳을 통해 2차 병원을 미리 소개받는 것도 좋다.

병원의 평판과 비용적인 측면을 고려하기

무조건 검사를 요구하거나 타 병원 대비 과도한 진료비가 나온다면 병원의 상업성에 대해 한 번쯤 의심해보고 지역 커뮤니티를 통해 평판을 충분히 조사해보자. 요즘엔 동물 병원비 비교 앱도 나와 있다. 비용이 많이 드는 수술이나 검사비는 앱을 통해 기본적인 가격대를 미리 알아보는 것도 도움이 된다.

인터넷 카페나 동네의 반려인들에게 해당 병원의 평판을 충분히 들어보고 결정하는 것이 좋다. 내가 주로 병원의 평판이나 치료 방법 등에 대한 정보를 찾아보는 카페는 '아반강고(아픈 반려 강아지와 고양이를 위한 힐링카페)'다.

병원 시설이나 청결 상태 확인하기

동물 병원에서 오히려 병을 옮기는 경우가 있으므로 병원의 청결 상태는 어떤지, 기본적인 장비나 시설(수술실, 회복실, 입원실 등)은 잘 갖춰져 있는지 등을 직접 방문해서 확인해보는 것이 좋다. 그러나 앞에서 열거한 것 이외에 가지 말아야 할 병원을 잘 골라내는 것도 매우 중요하다.

세계 최첨단 장비나 시설을 갖춘 병원임을 홍보하거나 미디어에 자주 노출되는 병원, 또 병원에 오지도 않는 연예인 사진을 걸어 두고 홍보하는 병원, 블로그와 카페 등에 광고성 홍보나 후기로 도배하는 병원, 24시간 병원에 야간 당직 수의사가 없는 병원과 실전 경험이 많지 않은 신참 수의사들로만 구성된 2차 병원들은 반드시 걸러내야 할 병원들이다.

동물 병원비를 아끼는 방법

반려동물에 대한 책임감에는 의료비 부담도 포함되어 있다. 따라서 우리도 하루빨리 동물들의 질병코드 표준화 작업과 함께 유기동물 발생과 연관된 높은 의료비 부담을 줄여주는 동물 의료 정책이 시급한 시점이다. 다음 소개하는 7가지만 주의해도 반려견에게 들어가는 병원비를 줄일 수 있다.

정기적인 건강검진

반려견들은 아파도 표현할 수 없으므로 산책이나 배변, 수면과 식사 등의 기본적인 활동 시에 나타나는 건강상 변화를 유심히 봐야 한다. 또한 사전에 건강검진을 통해서 아픈 곳을 선제적으로 발견하는 것이 중요하다. 7세가 넘어가면 1년에 한 번, 10세가 되는 노령견은 6개월에 한 번 건강검진을 해서 문제가 되는 부분을 미리 찾아내는 것이 좋다.

기본적인 건강 수칙 지키기

평소 고품질의 사료나 간식을 주는 것, 노령견에게는 오메가3나 유산균 등 영양제를 투여하며, 정기적인 산책과 행동 풍부화 놀이로 스트레스를 줄여주는 것과 백신 접종은 우선적으로 신경 써야 할 일이다. 또 칫솔질과 스케일링 등 치아 관리와 적정 체중 유지하기 및 작은 문제가 생겼을 때 바로 치료해주는 습관 등 기본적인 건강 수칙을 지키는 것은 병원비를 절약할 수 있는 가장 기본적이면서 중요한 팁이다.

동물 의약품들은 해외 직구로 구입하기

관절염 예방제, 소화제, 일부 연고 등은 약사의 처방 없이 해외 직구가 가능한 제품들이 있다. 인터넷에서 직접 구입해서 사용하면 가격을 낮출 수 있다.

집에서 직접 반려견 기본 케어하기

항문낭 짜주기, 발톱 깎기, 발바닥 털 밀기, 귀 청소 등 정기적으로 해줘야 하는 기본 케어는 스스로 익혀 집에서 직접 해보면 반려견의 스트레스도 덜어줄 수 있고 경비도 덩달아 줄일 수 있다.

진료 기록 및 복약 내용 등 치료일지 필수 기록하기

기본 건강검진이나 복용한 약 그리고 병원 치료와 발병 내역이나 증상 등을 병원에서 받아 보관하거나 노트에 꼼꼼히 기록해두면 병원 방문 시에 불필요한 검사나 시간을 줄여서 꼭 해야 할 치료에 바로 들어갈 수 있고 결과적으로 병원비를 줄일 수 있다.

넥카라 잘 활용하기

피부병이나 작은 상처를 물어뜯어 키우는 것을 방지하기 위해 넥카라를 적절히 사용해 상처를 키우지 않도록 하는 것도 비용을 줄이는 데 도움이 된다.

펫금융이나 병원비 비교 앱 활용하기

8세 이전에 적절한 펫보험을 들어놓거나 병원비를 돌려주는 페이백(Payback) 관련 앱에 가입하는 것, 다둥이를 키우는 가정에서 반려동물 병원비를 할인해주는 펫카드 등 펫금융을 적절히 활용하면 반려동물 병원비를 줄일 수 있다. 비용이 많이 드는 수술이나 검사 시에는 반려동물 병원비 비교 앱을 사용해서 일반적인 진료비를 확인한 다음 해당 병원과 치료비를 상담해보는 것도 병원비 절감에 도움이 된다.

내 강아지와
가보고 싶은
여행지

　반려동물 1,500만 시대, 반려인이라면 누구나 시간을 내서 사랑하는 강아지와 함께 여행을 떠나고 싶어 한다. 주말엔 집 부근이라도 반려견을 데리고 가서 브런치나 커피 한잔할 식당을 찾아보며, 휴가 땐 트레킹이나 1박 2일의 짧은 여행이라도 떠나 자연 속에서 반려견과 좀 더 여유 있는 분위기를 느껴보고 싶어 한다. 다행히 최근 우리 주변에도 반려견과 동반해서 즐길 수 있는 여러 시설들이 늘어나고 있어 조금만 발품과 손품을 팔면 강아지들과 같이 보낼 수 있는 반려견 동반 장소(Pet Friendly Zone)들을 어렵지 않게 찾을 수 있다.

　한국관광공사(www.visitkorea.or.kr)에서 추천하는 반려견 동반 여행지 중 산책, 트레킹을 같이 할 수 있는 자연휴양림, 애견테마파크와 고속도로 반려견 휴게소 그리고 강아지와 같이 트레킹하기 좋은 탐방로 등 산책 코스를 소개한다. 또 반려견 수영장이나 멍비치, 동반 골프 등 액티비티를 즐길 수 있는 장소와 반려견과 동반 쇼핑을 할 수 있는 쇼핑몰 등도 소개한다. 반려견과 동반 가능한 호텔 및 펜션, 캠핑장 등에 대한 정보도 정리해놓았다.

우선 각 테마별로 베스트 코스 한 곳을 엄선해 소개하며 나머지는 한국관광공사 사이트에서 세부 내용을 확인해보면 된다(출처: '댕댕이와 여행하개! 펫팸족을 위한 전국 반려견 동반 여행지 56', 한국관광공사, 2021. 9. 16.).

산책·트레킹에 좋은 장소

자연휴양림, 테마파크, 고속도로 휴게소와 반려견 놀이터, 한적한 탐방로 등 사랑하는 반려견과 산책이나 트레킹, 공놀이 등 걷거나 뛰어놀기 좋은 최적의 장소들이다.

| 산책 · 트레킹에 좋은 장소 |

구분	추천 장소	기본 정보	반려견 여행 정보
자연 휴양림	산음자연 휴양림	• 주소: 경기 양평군 단월면 고북길 347 • 운영 기간: 4~10월(동절기 휴무) • 운영 시간: 9~18시 • 매주 화요일 휴무 • 요금: 성인 1,000원, 청소년 600원, 아동 300원 • 문의: 031-774-8133 • 홈페이지: www.foresttrip.go.kr/indvz	• 입장/숙박: 6개월 이상 15kg 이하 중소형 견종. 1인 1견 및 숙박은 객실당 2견 한정 • 맹견 8종, 15kg 초과 시 입장 불가
그 밖의 추천 장소: 국립검마산자연휴양림, 천관산자연휴양림, 국립화천숲속야영장			

반려견 놀이터	강아지숲	• 주소: 강원 춘천시 남산면 충효로 437 • 운영 시간: 10~18시 • 매주 월요일 휴무 • 요금: 성인 17,000원, 청소년 15,000원, 어린이 12,000원 • 문의: 033-913-1400 • 홈페이지: dforest.co.kr	• 반려견 요금: 8,000원 • 강아지 운동장, 산책 숲, 박물관 운영 • 반려견 행동 상담 등 체험 프로그램 운영 • 반려견 대회 및 이벤트 진행 • 미등록된 반려견과 맹견은 출입 제한
	그 밖의 추천 장소: 의성펫월드, 송도도그파크, 창원 펫빌리지 놀이터		
펫프렌들리 휴게소	덕평자연 휴게소 달려라 KoKo	• 주소: 경기 이천시 마장면 덕이로154번길 287-76 • 운영 시간: 10~19시 • 매주 화요일 휴무 • 요금: 각 시설별 입장료 별도 • 문의: 031-645-0001 • 홈페이지: www.runkoko.com	• 친환경 놀이터, 잔디운동장, 애견 박물관, 반려견 호텔, 반려견 용품숍, 소형견 물놀이장, 반려견 위생실, 반려견 체험관 운영 중
	그 밖의 추천 장소: 오수휴게소 'PET테마파크', 죽암휴게소 '멍멍파크', 가평휴게소 '가평휴개소'		
탐방로 & 트레킹 장소	강화 나들길 19코스 '석모도 상주 해안길'	• 주소: 인천 강화군 삼산면 상리 94 • 코스: 동촌-석모나루-버스 종점 • 시간: 3시간 • 난이도: 쉬움	• 반려견과 같이 즐기기 좋은 산, 들, 바다길이 같이 어우러진 트레킹 코스 • 반려견과 가볼 주변 여행지: 보문사, 민머루해변
	그 밖의 추천 장소: 한탄강주상절리길1코스(구라이길), 화성 공룡알화석지, 강릉 바우길 1구간(선자령 풍차길)		
문화가 있는 산책 코스	경주 엑스포 대공원	• 주소: 경북 경주시 경감로 614 • 운영 시간: 10~18시(6~8월은 20시까지) • 입장료: 대인 12,000원, 소인 10,000원 • 문의: 054-748-3011 • 홈페이지: www.cultureexpo.or.kr	• 잔디광장 및 수목원, 수변공원 등이 있어 반려견과 동반 산책에 적합한 공원
	그 밖의 추천 장소: 경주역사유적지구, 경주 황리단길, 제주 월정리해수욕장, 제주 녹차미로공원		

수영, 액티비티 체험 공간

강아지 전용 수영장 및 멍비치, 새로운 체험을 좋아하는 반려견과 함께할 수 있는 동반 골프 라운딩과 요트 체험 등 반려견 액티비티 장소와 반려견 동반 가능한 쇼핑몰을 소개한다.

| 수영, 액티비티 체험 공간 |

구분	추천 장소	기본 정보	반려견 여행 정보
반려견 수영장 & 해수 욕장	멍비치	• 주소: 강원 양양군 현남면 광진리 78-20 • 운영 기간: 7~8월 약 45일간 운영 • 운영 시간: 9~18시 • 요금: 5,000원(별도 시설 사용료 있음) • 주차: 50대 수용 • 문의: 010-7588-8816 • 홈페이지: mungbeach.kr/34	• 반려견 요금: 5kg 미만 5,000원, 5~10kg 10,000원, 10kg 이상 15,000원 • 강아지 샤워장, 강아지 타월 판매 • 입장 불가 견종이 있어 운영 측에 사전 문의 필요
		그 밖의 추천 장소: 양주 도그베이 송추점, 김해 개리비안비치, 양주 헤세의 정원	
액티비티 체험	롯데 스카이힐 반려견 동반 골프	• 주소: 제주 서귀포시 상예로 530 • 문의: 064-731-2000 • 홈페이지: www.lotteshyhill.com	• 반려견 이용료: 10만 원 • 맹견 등 금지견 사전 상담 필요 • 배변봉투, 간식, 반려견 전용 소파 제공 • 클럽하우스 내 입장 불가
		그 밖의 추천 장소: 양양 복골온천, 동두천 피크닉댕댕, 부산 더요트 반려견 동반 체험	
쇼핑 공간	스타필드 하남	• 경기 하남시 미사대로 750 • 문의: 1833-9001 • 홈페이지: www.starfield.co.kr	• 예방접종 필수, 반려동물의 목줄 또는 케이지 동반 시 출입 가능 • 맹견으로 분류된 반려견 출입 금지 • 목줄은 1.5m 이내로 제한 • 매장별 출입 기준은 상이함
		그 밖의 추천 장소: 영등포 IFC몰, 롯데프리미엄아울렛 기흥점, 남양주 현대프리미엄아울렛 스페이스원	

반려견 동반 숙소

반려견과 함께 묵을 수 있는 반려견 동반 호텔과 동반 인증 숙소들, 야생을 체험하며 같이 즐길 수 있는 낭만 가득한 반려견 동반 캠핑장도 있다.

| 반려견 동반 숙소 |

구분	추천 장소	기본 정보	반려견 여행 정보
호텔	소노캄 고양	• 주소: 경기 고양시 일산동구 태극로 20 • 입/퇴실 시간: 15시/12시 • 문의: 031-927-7770 • 홈페이지: www.sonohotelsresorts.com	• 별도 펫룸 운영
	그 밖의 추천 장소: 강남 호텔카푸치노, 강릉 세인트존스호텔, 용인 골드펫리조트, 해운대 영무파라드호텔		
펜션 & 기타 숙소	태안 그람피하우스	• 주소: 충남 태안군 남면 안면대로 1110-30 • 입/퇴실 시간: 15시/11시 • 문의: 010-8515-6653 • 홈페이지: www.grumpy.co.kr	• 객실 내 취사 가능 • 반려견과 함께할 수 있는 산책로와 태안 청포대 해변 인접
	그 밖의 추천 장소: 경주 초심산방, 해남 해마루힐링숲, 제주에코스위치		
반려견 캠핑장	펫트리파크	• 주소: 충북 충주시 앙성면 둔터로 625-31 • 입/퇴실 시간: 15시/11시 • 문의: 010-3066-5353	• 5분 거리에 마트가 있음 • 카페, 반려견 목욕실, 미니 수영장, 편의점 • 글램핑(돔하우스 독채형)
	그 밖의 추천 장소: 연천 랩도그빌반려견전용캠핑장, 남양주 햇살가득애견캠핑장, 괴산 루파니애견캠핑장, 고령 트리독스		

6장

사람과 동물이 조화롭게 살아가는 세상

생명,
자연의 소중함

산책길에서 만나는 바람

근돌이와 생활하면서 생긴 습관이 있는데, 바로 매일 아침 날씨를 확인하는 것이다. 한여름에는 계속되는 찜통더위와 최고 기온 경신 속에서 한 줄기 바람을 기대하고, 겨울에는 매서운 칼바람 속에서 한 줌의 햇볕과 미세먼지 상황을 확인해 좀 더 수월한 산책을 하기 위해서다.

그중에서도 바람은 내가 세심하게 보는 항목이다. 특히 봄이 오는 길목인 2~3월에는 2~3m/s 정도의 바람이 있어야 대기 중에 쌓여 있는 미세먼지가 흩어져 맑은 공기 속에서 산책할 수 있다. 수년간 이런 노력 덕분에 미세먼지로 당장 공기 질이 좋지 않더라도 바람의 강도나 속도를 보고 몇 시간 후에는 산책할 수 있는지를 예상하게 되었다. 한여름에는 저녁에도 30도를 오르내리는 온도와 습도를 머금고 있는 무거운 공기가 숨까지 턱턱 막히게 한다. 이런 무덥고 습한 날 산책길에 바람이 있고 없고 여부는 실제로 많은 차이가 있다. 이때 바람골이라도 만나면 근돌이와의 저녁 마실은 한결 가벼워진다.

생명체들을 따뜻하게 보는 여유

바람 이외에도 계절에 따라 변하는 소소한 자연의 모습이나 자연 속에서 부지런히 움직이며 살아가는 작은 생명체들의 느리고 사소한 움직임이 어느 순간부터 내 눈에 들어오기 시작했다. 또 생명체들을 따뜻한 시선으로 바라보며 세심하게 관찰하는 즐거움도 알게 되었다. 길모퉁이에 피는 들꽃들과 돌다리를 휘감아 흐르는 시냇물 소리가 더 정겹게 느껴지고 중복 더위에 이마를 스치는 한줌의 바람과 이른 아침부터 먹이를 끌고 집으로 향하는 개미 떼들을 보면서 소리 없이 미소 짓는 일도 점점 많아졌다.

자연이 주는 이런 선물을 알게 되는 것은 그동안 내 안에 닫혀 있던 감각세포들이 깨어났다는 것을 의미한다. 잠자고 있던 감각들을 깨어나게 해준 트리거 역할을 한 것은 다름 아닌 근돌이였다. 근돌이와 같이 산책하면서 천변에 핀 야생화와 봄꽃이 우리에게 주는 의미를 알게 되었고 오리 가족들이 하는 햇빛 샤워의 소중함도 이해하게 되었다.

또 산책길에서 만난 일개미들의 분주한 움직임을 알아차린 후부터는 이들을 밟지 않도록 조심스럽게 걸음을 옮긴다. 들새들이 소꿉놀이하듯 주변에 몰려 앉아 있을 때는 놀라지 않도록 근돌이를 주의시키며 지나가는 여유도 갖게 되었다. 이런 자연과의 소중한 교감이나 친밀감을 느끼게 된 것 또한 근돌이와의 동행에서 얻은 소중한 선물이다.

일방적인 인간 중심주의에 대한 경고

이 세상에 태어난 모든 생명들은 각자 개성이 있고 존중받고 살아갈 이유가 있다. 오늘날 우리에게 닥친 코로나 팬데믹은 어찌 보면 인간들이 생태계의 공용 공간인 지구를 독점하고 질서를 파괴하는 데서 빚어진 결과물인지 모른다. 코로나19가 전 세계를 휩쓸고 간 이 시점에서 우리는 인간 중심주의로 산다는 것이 어떤 의미인지 진지하게 생각해봐야 한다. 그리고 이제부터라도 모든 생물체가 다 같이 살아갈 수 있게 생태계 질서를 회복하는 일이 시급하다는 결론을 내리게 되었다.

과연 인간 중심주의에서 탈피한다는 것은 무엇일까? 같이 사는 동물들의 기본적인 생존권을 지켜주는 것과 그들을 고통에서 해방시켜 주는 데 관심을 기울이는 일이다. 근돌이와 생활하면서 인간들이 다른 생물에게 저지른 잔혹한 실상을 조금씩 알게 되었다. 이제 사람들은 인간 중심주의 사고에서 벗어나 모든 생물이 그 자체만으로 존중받고 같이 살아갈 환경을 만드는 일에 적극적으로 나서야 한다. 알베르트 슈바이처(Albert Schweitzer) 박사의 말대로 모든 생명체는 차별 없이 존중받아야 하고 인간들은 그들을 보호해야 할 의무가 있다.

나는 다른 종과의 교감이 우리의 영혼을 성장시키고 인간성을 회복시켜 준다고 믿는다. 근돌이와의 산책에 앞서 바람을 유심히 관찰하는 것은, 반려견 등 지구의 또 다른 주인인 다른 생명의 삶의 질을 위해서다. 결국 이것이 내 삶도 건강하게 하는 것임을 이해하게 된 것도 얼마 되지 않았다. 근돌이와 동행하면서 다시 한 번 바람과 같은 자연이 주는 소중한 의미를 깨닫는다.

어린아이가 경험하는 반려견과의 삶

사람들이 강아지를 키우는 이유는 매우 다양하다. 노인들은 노년의 삶이 외로워서, 또 어떤 부모들은 자녀에게 친구가 필요해서, 또 젊은 부부는 아이 대신 가족의 일원으로 반려견과 함께하는 삶을 선택한다. 그러나 어떤 이유가 되었든 반려견이 집에 들어오면 우리의 삶은 완전히 달라진다. 왜냐하면 이 작은 생명체들은 당당하게 우리에게 시간과 감정을 같이 나누기를 요구하기 때문이다.

특히 어린 자녀들에게 있어 반려견과의 생활은 평생 잊지 못할 추억거리를 만들어준다. 말 못하는 친구와의 교감은 아이들에게 무한한 상상력과 함께 창의성을 일깨워준다. 어린 시절 반려견과의 생활은 아이들의 정서 및 공감 능력 발달에 많은 도움이 된다는 연구 결과는 많이 알려져 있다. 이것은 결국 부모와 아이와의 정서적인 유대감도 높여주므로 가족 구성원 간의 친밀감도 깊어진다. 또 같이 생활한 강아지와 이별하는 경우 큰 상실감으로 힘들어하지만 결국 건강한 회복력으로 슬픔을 극복해나가는 능력을 갖추게 되며 이것 또한 한 아이의 인생에서 건강한 자양분이 된다.

또 어린아이들이 반려견과 생활하면 질병 예방에도 도움이 된다. 우리가 알고 있는 상식과는 반대로 반려견과 생활하는 아이들은 오히려 알레르기나 천식과 같은 호흡기 계통의 질병에 면역력이 생겨 더 건강하게 생활할 수 있다는 것이다.

일상에 안정감을 주는 마음의 고향

오늘날 대도시 생활은 많은 사람에게 고향을 빼앗아가 버렸다. 실개천에서 물고기를 잡고 맹꽁이가 밤새 합창하며 반딧불이 밤하늘을 수놓은 옛날 농촌에서의 생활, 한여름 원두막에서 시원하게 수박을 잘라 먹으며 여름을 보냈던 우리네 농촌 풍경들을 경험한 세대들은 어른이 되어서도 마음속에 넉넉한 고향이 살아 있음을 느낀다.

대도시 생활로 옛날과 같은 고향이 없는 요즘 아이들에게 반려견과의 삶은 마치 고향과 같은 느낌을 준다. 비록 오솔길과 실개천은 없어도 아이들은 반려견과 생활하면서 마음의 풍요와 정서적인 안정감을 충분히 느낄 수 있다.

10여 년 전 만난 작은 강아지 근돌이는 오랜 시간 동안 내 삶을 많이 바꾸어놓았다. 자연과 모든 생명체를 존중하며 그들과 공감하며 사는 삶이 얼마나 소중한지를 깨닫게 해주었고, 그동안 내가 가지고 있었던 인간 중심의 사고를 바꿔준 의미 있는 동행이 되고 있다.

삶에서
지금 이 순간의
의미

'지금'이라는 선물

반려견은 15~20년의 짧은 생을 보호자와 함께하며 출생과 성장, 노화와 죽음 등 우리가 거쳐야 할 생로병사의 전 과정을 통해 인간들의 삶을 압축적으로 보여준다. 대부분의 반려견들은 열 살이 넘으면 노령견이 되며 이들에게도 사람에게 걸리는 각종 질병이 찾아온다. 10년 가까이 근돌이와 생활한 나도 장래에 있을 근돌이와의 이별을 생각하며 아직 오지도 않은 슬픔으로 힘들어했던 적이 있다. 한때는 곁에서 이 아이의 젊음과 에너지를 충분히 느껴보았고, 이제는 나이가 들면서 디스크와 노화가 찾아와 생로병사의 과정을 차례로 경험하는 중이다.

아프거나 나이가 많아 얼마 후 자식과 같은 반려견과 헤어져야 하는 보호자들은 매우 힘들어한다. 올해 들어 가까운 지인들 몇 명이 10~15년을 같이했던 반려견들과 아픈 이별을 했다. 특히 이들

중 14년을 산 말티즈 '똘이'는 1년간 심장병으로 투병하다 마지막에 안락사로 무지개다리를 건너 보호자와 지인들을 더욱 안타깝게 했다. 나도 이 아이의 투병 생활을 쭉 지켜보면서 만일 근돌이에게도 이런 상황이 온다면 어떤 심정일지 감정이입이 된 적이 있다. '이 세상에 영원한 것은 아무것도 없다'는 생각이 새삼 강렬하게 다가왔다.

근돌이와 내일 헤어지더라도 조금이나마 덜 후회하려면 현재 주어진 시간을 더 충실하게 보내야 하기에 결국 지금이 얼마나 소중한지 새삼 깨닫게 된다. 지금 이 순간을 후회 없이 잘 보내는 방법은 과거의 추억에만 사로잡히지 않고, 미래를 앞당겨서 걱정하는 망상에 빠지지도 않으면서 오로지 현재 이 순간에 집중하는 것이다. 그런 생각을 갖는 것은 내가 이 아이에게 집중할 수 있는 에너지를 가져다준다.

명상과 카르페 디엠은 동의어다

미국의 소설가 딘 쿤츠는 개를 쓰다듬고 긁고 껴안는 것은 명상만큼 마음을 달래주고 기도만큼 우리의 영혼을 어루만진다고 했다. 강아지와 함께하는 삶은 우리의 마음을 가장 편안하게 해주는 명상이나 기도에 비견될 만큼 의미 있다는 것이다.

'지금 살고 있는 현재 이 순간에 충실하라'는 뜻의 '카르페 디엠(Carpe Diem)'은 현재 하고 싶은 일을 포기하고 오지 않을 미래를 불안해하거나, 과거의 영광이나 실패에 집착하는 것이 우리에게 가장 중요한 현재의 삶에 집중하지 못하게 하는 훼방꾼들임을 가르쳐준다. 나는 얼마 전부터 명상에 관심을 가지면서 틈틈이 생활 속에서 명상을 통해 이 소중한 가르침을 깨닫곤 한다. 특히 트레킹을 할 때면 명상을 하며 소리에 집중하는데, 내가 과거나 미래에 머물지 않고 지금 여기서 일어나고 있는 순간의 소리에 집중함으로써 육체와 떨어져 있던 마음을 내 몸과 한자리에 있도록 하는 데 큰 도움이 된다.

명상하는 동안 내 마음은 과거와 미래를 벗어나 육신이 존재하는 지금 여기로 돌아오는 알아차림을 반복한다. 이것은 나를 과거와 미래에서 벗어나 현재에 살게 해준다. 결국 마음챙김 명상은 현존에 이르는 지름길이고 지금 여기로 돌아오기는 집중력이 흩어진 정신이 현재로 돌아올 수 있게 도와준다.

나는 반려견과 함께하는 명상 프로그램에도 관심이 많다. 하루 중 편안한 시간을 골라 반려견의 몸에 손을 얹고 함께 호흡 명상을 진행하는 일은 반려인과 반려견 모두에게 지금 여기로 몸과 마음을 모을 수 있는 영성의 시간이라고 믿는다.

우리 삶의 전부인 '지금 이 순간'

명상에서 지금에 충실한다는 것은 내려놓음의 다른 말이다. 과거에 일어난 일에 대한 집착과 미래에 발생할지 몰라 전전긍긍하는 망상에서 벗어나 현재에 충실한 삶을 살아간다는 의미다. 찰스 스펄전(Charles Spurgeon)의 유명한 시 〈지금 하십시오〉는 근돌이와의 10년 남짓한 생활 속에서 앞으로 내가 근돌이와 무언가를 할 수 있는 시간이 영원하지 않다는 깨달음과 함께 큰 울림을 주었다.

> 사랑하는 사람이 언제나 당신 곁에 있지만은 않습니다
> 사랑의 말이 있다면 지금 하십시오
> 미소를 짓고 싶다면 지금 웃어주십시오
> 당신의 친구가 떠나기 전에
> 장미가 피고 가슴이 설렐 때
> 지금 미소를 지어주십시오
>
> – 〈지금 하십시오〉 중에서

이 시에서 강조하는 핵심 단어도 바로 '지금'이다. 영원한 것이 없는 우리의 삶에서 과거의 굴레에 매여 있거나 일어나지도 않을 미래를 걱정하기보다는 지금 당장 내 앞에 놓인 현재에 충실하면 삶은 우리에게 '지금'이라는 선물을 준다. 그리고 이 선물은 우리가 더 행복하고 매 순간 최선을 다해 현실에 집중하게 해준다.

과거를 돌아보고 소중한 교훈을 얻어야 하지만 과거에 머물러 있지는 말고 멋진 미래의 모습을 마음속에 그린다. 이것이 실현되도록 계획을 세워야 하지만 헛된 망상에 사로잡히지는 말고 오직 지금 현재 일어나는 일에 집중해야 한다.

근돌이와의 동행을 통해서 머지않은 장래에 맞이할 이별도 삶의 한 과정으로 받아들여야 한다는 것도 깨닫게 되었다. 결국 과거나 미래보다는 현재 지금 이 시간을 우리 삶의 전부로 인정하고 어떻게 충실하게 보낼 것인가를 고민하는 것이 가장 행복하게 사는 방법이다. 반려견들은 말이 통하지 않는 우리 인간들에게 지금이 가장 중요하다는 삶의 지혜를 온몸으로 알려주는 스승이다.

반려견과의 공감 능력이 주는 힘

현대인에게 가장 필요한 능력을 꼽으라면 빼놓을 수 없는 것 중 하나가 공감 능력일 것이다. 공감이란 다른 사람의 생각이나 감정 또는 경험을 인식하고 반응하는 감정이다. 이런 공감 능력은 절대 AI가 대체할 수 없는 고유한 감정으로 인간관계에서 매우 중요한 능력이다. 강아지를 우리 삶 속에 들이는 것은 말하지 못하는 동물들과의 공감이나 소통 능력을 키우는 것이다. 반려견들의 얼굴이나 표정, 행동, 목소리 톤 등의 카밍 시그널을 통해 그들의 감정을 이해하려는 노력은 우리 사회 구성원들과의 공감이나 소통에도 똑같이 도움이 된다.

다리 부상으로 목발을 하게 된 영국인 레셀 존스는 갑자기 자신의 반려견 빌이 한쪽 발을 절룩거리며 걷는 것을 보게 됐다. 엑스레이를 찍어 검사해보았으나 빌의 다리에는 아무 이상이 없었다.

반려견 빌은 다친 것이 아니라 보호자가 다리를 절며 걷는 불편함에 자신도 공감해 한쪽 발을 쓰지 않고 절룩거린 것이다.

영국의 윌킨슨 박사는 상대의 감정을 잘 이해할 수 있는 개들은 보호자가 옆에서 하품하면 전염이 되어 같이 하품하는 경향이 있다는 흥미로운 연구 결과를 발표했다. 실제로 스웨덴의 룬드대학교 연구팀이 35마리의 개를 대상으로 하품 실험을 했다. 개들과 재미있게 놀면서 쓰다듬다가 개의 이름을 불러주고 주의를 끈 다음 늘어지게 하품하자 이 모습을 빤히 쳐다본 개의 69%가 사람을 따라 하품했다고 한다.

개의 공감 능력이 갖는 놀라운 치유력

위 사례에서 보듯이 개는 훈련에 의한 것이 아닌 천부적인 공감 능력을 가지고 있다. 개는 침팬지보다 인지 능력은 떨어지지만 사람들과 특별한 공감 능력을 발휘한다는 것은 오래전부터 알려진 사실이다. 개들의 지능은 통상 사람의 2~3세 수준과 비슷하다고 하는데, 보호자의 슬픔과 즐거움, 분노와 짜증의 감정을 알아내는 것은 IQ와 전혀 차원이 다르다는 것이다.

또한 개들은 놀라운 청각이나 후각 능력을 가지고 있어 보호자의 신체 비밀까지 알 수 있다고 한다. 보호자가 임신 중이거나 속에 암 덩어리가 있는지 등 몸 상태가 좋지 않은 것까지 속속들이 알아차린다는 것이다. 개는 인간들과 정서적으로 가장 깊게 연결되어 있으며 공감할 수 있는 능력을 가진 유일한 동물이라고 말한다. 그러나 사실 개들이 사람들과 단순한 공감 능력을 갖는다는 것 이외에도 놀라운 치유력이 있다는 것에 주목해야 한다.

반려견들은 보호자의 희로애락을 그대로 느낀다. 그중에서도 특별히 반려인의 슬픔과 불안감 등 부정적인 감정들을 훨씬 더 예민하게 알아채고 그런 감정을 풀어주기 위해 노력한다. 이것이 공감 능력을 가진 개의 놀라운 치유력이다. 개들은 사람들의 말은 이해하지 못하지만 표정 변화나 행동, 분위기, 억양, 말의 속도 등을 통해 보호자들의 감정을 오감으로 느끼며 이해한다. 이와 관련해서 헝가리대학교 연구팀이 개가 사람의 감정을 느낄 때 사람과 강아지의 뇌가 어떻게 반응하는지를 파악하기 위해 사람과 강아지의 뇌를 MRI로 촬영해 뇌 조직 신호의 변화를 관찰했다. 그 결과 웃는 소리, 우는 소리 등 다양한 감정을 인식할 때 사람과 개의 뇌 신호가 매우 유사하다는 것이 밝혀졌다.

개는 언제부터 공감 능력을 갖게 되었을까

인간들은 수만 년 전부터 여러 동물과 생활해오면서 각 동물의 특성을 파악하고 그들의 능력을 적절히 사용해왔다. 그중에는 가축으로서 한평생을 마치는 동물도 있고 사람들의 생활을 편안하게 도와주는 동물도 있다. 그러나 사람들이 개들한테는 그런 단순한 역할만을 주지 않았다. 결국 오랫동안 인간의 친구로 더 가까이

두면서 사람들과 정서적으로 감정을 공유하는 존재로까지 발전해
왔다.

그럼 개들은 언제부터 사람들과 유대관계를 맺고 공감 능력을
키워왔을까? 다수의 과학자들은 개들이 오랜 시간 사람과 같이 살
아오면서 인간과의 감정을 나누는 능력이 조금씩 진화해왔다고
한다. 옛날에는 개가 사냥과 짐 운반, 경비와 가축 보호, 운송 수
단, 농사 등에서 사람들을 지원하는 일을 주로 했지만 시간이 흐르
면서 개들은 이런 업무에서 해방되었다. 그 대신 사람들과 정서적
으로 더 깊은 유대관계를 맺게 되면서 우리 인간들의 친구로서 감
정을 나누며 공감 능력을 키우는 쪽으로 점점 더 진화되었다는 것
이다.

개의 공감 능력에 숨겨진 비밀

동물생태학자들은 공감이란 매우 정교한 심리 영역이며 매우
복잡한 인지 과정이 작용한다고 한다. 그런데 개들은 보호자의 얼
굴과 표정, 목소리 톤이나 감정 상태를 파악하고 의도적으로 자신
의 행동을 변경하고 보호자의 동의를 구하려고 애쓴다는 것이다.

이러한 개들의 공감 능력 덕분에 우리 인간들은 말 못하는 동물
들과의 소통 능력을 키울 수 있었다. 사람들은 반려견이 내 감정에
자신을 맞추려고 노력하는 것을 보면서 큰 위로를 받는다. 특히 슬
프거나 불안한 감정 상태를 알아채 조용히 내 곁을 지켜주는 것만

으로 우리는 세상에 나가 다시 무언가를 새롭게 시도할 수 있는 에너지를 얻는다. 더구나 점점 더 가족들과의 교감이나 연대가 줄어드는 현대인들에게 반려견은 가족을 대신해 서로 공감할 수 있는 정서적인 연결고리가 되어준다.

내 개가
가르쳐준
정말 소중한
것들

인간은 개에게 사랑을, 개는 사람에게 삶의 전부를 준다

개들은 어떻게 인간들과 교감할 수 있게 되었을까? 원래 개들은 가축의 하나로 오랜 시간 인간들의 노동에 보탬이 되는 역할을 해 오다 산업화 이후에 이런 노동이 더 이상 필요 없게 되자 실직(?)하게 되었다. 따라서 산업화 이후 개들은 귀엽고 예쁜 애완견으로 변신해서 사람들에게 사랑받아 오다 오늘날엔 희로애락을 공유하는 반려견이 되었다.

개들이 오랫동안 같이 살면서 우리의 마음을 읽는 능력을 발달시켜 왔기 때문이라고 생각한다. 또한 개들은 더 이상 먹이를 얻기 위해 노력할 필요 없게 되자 달라진 생태 환경에 적응하기 위해 사람들에게 정을 주며 따르는 능력이 점점 진화되어 우리와 정서적으로 교감할 수 있는 수준까지 발달되어 왔다는 것이 과학자들의 견해다.

최근에는 개의 기원에 대해 사람들이 개를 데려다 길들인 것이 아니라 개들의 조상인 늑대가 사람들에게 먼저 다가왔다는 학설이 힘을 얻고 있는 것만 봐도 개들은 오래전부터 인간의 친구가 되기 위해 스스로 노력하는 과정에서 조금씩 교감 능력을 키워가며 진화했다고 볼 수 있다.

사람들이 개에게서 얻은 것은 무엇인가

현대사회에서 과연 사람들은 개와 같이 살면서 무엇을 얻는 걸까? 그리고 그런 것들은 우리 인생에서 어떤 의미가 있을까? 한마디로 정의하기는 쉽지 않지만 개들에게 기본적인 조건(음식, 잠자리)만 충족해준다면 그들은 우리 삶에 큰 선물을 주는 것이 틀림없다. 부지불식간에 그들로 인해 우리는 웃음과 기쁨, 삶의 의욕들이 생겨나며 힘든 삶 속에서 세상과 단절되어 있던 마음을 열고 다시 사람들과 소통하며 새로운 일들을 시작할 에너지를 얻는다. 그들과 같이 있으면 타인과 세상에 대한 경계심이 눈 녹듯 사라지고 한없이 순수한 아이의 감성이 살아나 사람이 원래 가지고 있는 평화롭고 순수한 본래의 모습으로 돌아온다.

개들은 특별히 우리에게 바라는 것도 없으며 또 그들이 인간의 시름과 번민을 해결해주려고 노력하는 것도 아니다. 반려견들과 살을 맞대고 있는 것 그리고 그들의 눈을 쳐다보는 것만으로도 평안과 위안을 얻는다. 내가 세상에서 지쳐 집에 돌아온 날 가만히 내 옆에 몸을 붙이고 있는 반려견을 보면, 그들이 특별히 나에게 큰 위로와 행복을 주려고 한 것도 아닌데 위안과 에너지를 받는 것은 참 신기한 일이다. 어느 순간 힘들었던 일들을 얘기하면서 내 반려견의 공감을 받고 싶어 하니 말이다.

프랑스의 노벨문학상 작가 아나톨 프랑스(Anatole France)는 "동물을 사랑한 적이 없다면 그의 영혼의 일부는 잠들어 있다"라고 말했다. 이처럼 내 인생에서 개와 함께하면 우리 삶이 바뀌는 것을 경험할 수도 있고, 내 인생이 그들로 인해 더 완벽해질 수 있다.

반려견과 함께하지 않았으면 절대 알지 못했을 것들

나는 근돌이와 함께하지 않았다면 알지 못했을 것들이 너무 많다. 왜 강아지들의 코는 축축한지, 산책 시 냄새 맡는 것에 왜 그렇게 목숨을 거는지, 내가 퇴근하는 시간을 어떻게 알고 2층 창가에서 나를 기다리는지, 왜 개들의 시간은 사람보다 6배나 빨리 흐르는지, 과거나 미래의 걱정이나 불안은 안중에도 없고 현재 보호자랑 같이 있는 것과 맛있는 것을 먹는 지금 이 순간에 집중하는지……. 매일의 산책에서 마주하는 길가의 꽃과 시냇물 소리, 바람, 근돌이를 쳐다보는 타인의 미소도 이 아이와 함께하기 전에는 느끼지 못했던 것들이다.

이 아이와 생활하면서 주변에 같이 살아가는 생물들에 대해 더 관대해지고 따뜻한 시선을 갖게 된 점도 감사할 일이다. 근돌이와 산책할 때 분주히 움직이며 작업하는 일개미들을 밟지 않고 지나가려고 애쓰는 것, 폭설이 내린 날 곡식을 챙겨 가서 새들이 있는 곳에 뿌려주는 일, 굶주린 길고양이를 위해 음식을 준비하는 것도 내가 근돌이를 만나기 전에는 전혀 생각하지 못했고 무관심했던 일들이다.

강아지들의 생활과 습성에 대한 여러 가지 의미도 알게 되었다. 근돌이와 지낸 10년간의 경험을 통해 이젠 이 아이가 내 앞에서 배를 뒤집으며 눕는다는 것이 무엇을 의미하는지, 내가 삶 속에서 지쳐 힘들어하며 집으로 돌아온 날 아무 말 없이 내 옆에 앉아 내 눈치를 보는 것이 어떤 의미인지, 하루를 마치고 집으로 돌아가는 퇴근길에는 온종일 기다려준 근돌이를 생각하며 입꼬리가 올라가고 괜스레 기분이 좋아진다는 것이 내 삶에는 어떤 활력을 주는지 등을 알게 된 것은 참으로 신기하고 고마운 일이다.

우리 삶을 완전하게 만들어주는 반려견과의 동행

살아가면서 아무도 해결해주지 못하며 오직 자기 스스로 헤쳐 나가야 할 문제들에 부딪힐 때가 있다. 이럴 때 사람들은 누군가에게 내 문제를 털어놓고 위로받으려고 한다. 때론 종교나 명상이 이런 역할을 대신할 수도 있다. 그러나 놀랍게도 같이하는 반려견이 사람이나 종교를 대신해서 이런 역할을 충분히 해낼 수 있다. 털북숭이 철학자인 강아지들은 우리 삶의 길목에서 위로가 되기도 하고 같은 편으로 강력한 연대감을 보여주고 때론 상상하지도 못하는 새로운 영감을 일으켜 고민하던 문제들에 단초를 제공해주는 결정적인 역할을 하기도 한다.

근돌이는 나와 같이 10년을 살면서 손짓과 온몸으로 가르쳐준 것들이 참 많았다. 이 아이는 언제나 있는 힘을 다해 나에게 자신과 함께하는 삶에는 이런 유익함이 있다고 말해준다. 근돌이가 내게 가르쳐준 것들에 대해 정리해보고자 한다.

공감 능력

반려견은 보호자의 감정 중에서 특히 슬프거나 불안하고 부정적인 감정에 매우 민감하다고 한다. 그래서 이런 감정들을 더 잘 알아차려 반려인을 위로하는 행동을 취하기도 한다는 것이다. 개는 오랫동안 인간과 함께 살아오면서 사람들의 감정을 이해하고 교감하는 능력이 발달해왔기에 그들과 함께하는 것은 우리의 슬픔과 우울감, 불안감 완화에 도움이 된다. 자신의 반려견과의 유대감을 높이려면 자주 눈을 마주치는 것과 어린아이에게 말을 거는 것처럼 부드럽고 천천히 반려견에게 말을 거는 것이 중요하다.

위로

독신 세대가 늘어나면서 반려견과 함께하는 이들도 덩달아 늘어났다. 차디찬 칼바람이 부는 전장 같은 사회에서 집으로 돌아왔을 때 꼬리를 흔들며 나를 반겨주는 반려견의 우직하고 조건 없는 사랑은 우리에게 큰 위로가 된다. 말 없는 강아지가 사람보다 더 큰 위로가 되는 이유는 내가 힘든 것을 일일이 설명하지 않아도 되기 때문이다. 이미 내 사정을 다 알고 있다는 듯 아무 말 없이 다가와 큰 눈을 껌뻑이며 곁에 앉는다. 그들은 작지만 따뜻한 위로의 아이콘이다. 강아지들의 체온이 사람보다 2도 높은 것은 아마 세상살이에 지쳐 힘든 우리를 더 따뜻하게 안아주기 위해서가 아닐까 생각해본다.

현재를 사는 능력

개들의 삶에는 과거와 미래는 없고 현재만 존재할 뿐이다. 현재만을 살아가는 것은 결국 일상의 소소한 행복 찾기다. 매 식사 때마다 주는 딱딱한 사료와 간단한 장난감과 보호자와 함께하는 산책 그리고 불편하지 않은 잠자리만 있으면 아이들은 언제나 꼬리를 흔들며 좋아한다. 그들은 미래에 생길지도 모르는 일에는 전혀 관심이 없고 슬픈 과거를 기억하지도 않으며 반려인과 함께하는 지금 이 순간이 가장 소중하다. 반려견은 우리의 정신세계를 점령해서 우리도 그들과 함께 있으면 과거와 미래는 사라지고 현재만 남게 된다. 우리도 어느 순간 과거를 후회하지 않고 미래를 불안해하지 않으며 지금 이 순간에 집중하는 것이다.

긍정적인 사고

《개가 주는 위안》(허봉금 옮김, 초록나무, 2011)의 저자이자 스위스의 심리학 의사 피에르 슐츠(Pierre Schulz)는 반려견은 인간의 의욕과 감정을 끊임없이 자극하는 원천이며 반려인이 날마다 긍정적인 감정을 느끼게 해준다고 말한다. 개는 보호자의 정신세계를 점령하며 개가 주인과 끊임없이 교감하다 보면 사람의 머릿속에 예기치 않던 생각이 떠올라 곤란한 일도 사라진다고 한다. 결국 보호자는 개 덕분에 인지 기능에도 긍정적인 자극을 받아 자신에게 가장 알맞는 환경을 찾게 된다는 것이다. 그는 개가 반려인에게 하는 이러한 행동을 에그조프쉬시즘(Exopsychisme)이라고 이름 붙여 학계에 발표했다.

조건 없는 사랑

"인간은 개에게 사랑을 주고 개는 인간에게 삶의 전부를 준다." 개들의 충성심과 조건 없는 사랑을 잘 표현한 말이다. 개가 주인에게 주는 사랑은 주인을 위해 목숨을 바치거나 충성을 다한 여러 나라 충견들의 실화를 통해서도 잘 알려져 있다. 개는 한번 좋아하게 된 사람을 영원히 좋아한다. 설령 그 사람에게 냉대를 받더라도 일단 좋아하는 사람은 절대 배신하지 않는다.

상실의 경험을 통해 얻는 인간다움

대부분의 반려인들은 자신의 반려견을 먼저 떠나보내면서 엄청난 상실감에 힘들어한다. 오랫동안 우리의 일부였던 반려견과 이별하면서 모든 삶에는 끝이 있고, 죽음이 두려워할 대상이 아니라 자연스럽게 받아들어야 하는 삶의 한 부분이라는 것을 배운다. 결국 이런 과정을 경험하는 것은 우리를 더 인간답게 만든다. 사람들은 반려견들의 성장과 노화, 병과 죽음에 이르는 압축적인 생애를 지켜보면서 삶에서 무엇이 중요하고 또 어떤 것들을 미리 준비해야 하는지 깨닫는다.

가족들과의 소통

오늘날은 핵가족이 일반화되면서 가족 구성원 간의 생활 방식이 각기 다르다. 몸은 한집에 살고 있지만 얼굴을 보거나 대화를 나누는 시간도 많지 않아 각자의 방식으로 살아간다. 부부는 은퇴해서 집에 머무는 시간이 많고 아이들은 장성해서 직장에 다니면 부모와 자식 간에 대화할 시간과 소재도 빈곤해지기 마련이다. 이럴 때 반려견은 집 안의 소통 창구가 되고 웃음의 매개체가 되는 소중한 역할을 한다. 말없이 뛰어다니는 강아지의 몸짓과 소리, 행동에서 온 가족이 대화 소재를 찾고 같이 공감할 수 있는 것도 반려견이 우리에게 주는 큰 선물 중의 하나다.

건강과 활력

나는 반려견과 생활하면서 움직임이 최소 30~40% 늘어났다. 매일 산책은 물론 기본적인 케어만으로도 제법 몸을 움직일 일이 많다. 일반적으로 반려견과 같이 생활하는 사람들은 그렇지 않은 사람들보다 질병에 더 강하고 오래 산다는 통계가 있다. 반려인들은 비반려인보다 심장병, 혈압, 우울증 등 각종 질병에 걸릴 위험이 많이 줄어들며 면역력도 훨씬 강하다. 미국 미주리 대학교 노인학 연구팀은 60세 이상을 대상으로 반려인과 비반려인의 수명을 연구했는데, 반려인이 평균적으로 2~5년 더 오래 산다는 사실을 발견했다. 결국 공감 능력과 연대감을 가진 친구나 가족과 같은 반려견과의 생활은 육체적인 건강뿐 아니라 정신적인 면에서도 안정감을 주어 장수에 도움이 된다는 것이다.

반려견은 우리 삶의 전부는 아니지만 우리 삶을 완전하게 만들어주며 어디로 가든지 서로가 가는 길에 없어서는 안 될 진정한 동반자들이다. 이젠 우리 인간들도 즐거움, 기쁨, 위로, 온기 등을 전해오는 이 작은 생명체들에게 마음의 벽을 허물고 그들의 말에 더 귀 기울이면서 같이 살아가면 어떨까? 그러면 그들은 인생을 살아가는 방법에 대해 우리에게 훨씬 더 많은 비밀을 조곤조곤 알려줄 것이다.

인간과 개, 그 감동의 스토리

수만 년 전 인간 사회에 편입된 개들은 이제 온전히 우리 삶의 일부가 되어 사람들과 깊은 유대감을 가지고 함께 살고 있다. 개는 우리와 삶을 나눌 수 있는 친밀한 공감 능력과 뛰어난 정서적인 능력을 가진 동물이다. 이런 이유 때문인지 인간과 개의 감동적인 이야기가 동서고금을 막론하고 세계 곳곳에서 전해지고 있다. 전 세계에서 사람들에게 큰 울림을 준 반려견 이야기 중 몇 가지를 추려 소개해본다.

주인 찾아 300km를 달려온 진돗개 백구

진도의 박복단 할머니 집에는 진돗개 백구가 살고 있었다. 1993년 3월, 다섯 살 된 백구는 대전으로 팔려갔다. 그런데 7개월 만인 1993년 10월, 백구는 무려 300km에 이르는 거리를 달려 처음 살던 진도의 박복단 할머니 집을 찾아왔다.

돌아온 백구는 뼈만 앙상하게 붙어 다 죽어가는 상태였다. 장장 7개월 동안 쉬지 않고 고향을 향해 달렸기에 제대로 된 음식을 못 먹은 탓이었다. 마침내 집으로 돌아와 탈진한 채 할머니 품에 안긴 백구의 모습을 보고 사람들은 놀라움을 감추지 못했다. 백구는 다행히 할머니의 극진한 보살핌을 받아 건강을 회복했고 그 후 여생을 할머니와 같이 살다가 열두 살이 되던 2000년 2월 생을 마감했다. 백구가 죽은 후 진도에서는 박 할머니가 백구를 어루만지는 모습을 동상으로 제작해 추모했고 '돌아온백구기념비'와 '돈지백구테마센터' 등이 건립되었고 백구의 무덤 일대를 '백구광장'으로 조성해 백구의 충성스러운 마음을 기리고 있다.

이 사건은 한국의 토종개인 진돗개의 충성심과 영특함을 널리 알리는 계기가 되었으며 말 못하는 동물인 개가 감정이 있는 우리들의 가족이라는 것을 다시 한 번 깨우쳐준 의미 있는 사건으로 모든 사람들의 기억 속에 남아 있다.

죽을 때까지 주인을 기다린 시부야역의 떠돌이 개 하치

일본 도쿄의 번화가 시부야역 앞에는 죽은 주인을 기다리며 생을 마감한 충견 하치코의 동상이 있다. 개를 좋아하던 도쿄대학교 농학부의 우에노 교수는 지인으로부터 아키타 견종 한 마리를 선물받았다. 교수는 강아지 뒷다리가 팔(八) 자로 벌어진 모습을 보고 이름을 '하치(숫자 8을 뜻함)'로 지었다.

하치는 매일 아침 우에노 교수와 함께 시부야역까지 가서 교수가 열차를 타고 출근하면 집으로 돌아오곤 했다. 어느 날부터 하치는 저녁에도 시부야역으로 주인을 마중 나갔다. 그렇게 둘은 아침저녁으로 출퇴근길에 함께했고, 하치는 우에노 교수의 사랑을 듬뿍 받고 지냈다. 안타깝게도 1925년, 우에노 교수는 학교에서 갑자기 쓰러져 뇌출혈로 사망했다. 그러나 사실을 알 도리가 없는 하치는 아침이면 주인을 배웅하려는 듯 시부야역으로 나갔고, 저녁에는 개찰구에 앉아 오지 않는 주인을 하염없이 기다렸다.

우에노 교수가 죽은 후, 그의 부인은 고향으로 내려가면서 하치를 여러 집에 맡겼으나 하치는 제대로 적응하지 못했다. 마지막엔 자신의 정원사였던 고바야시의 집에 맡겼는데 그 와중에도 하치는 우에노 교수가 출퇴근하는 시간에 맞춰 시부야역에 나가기를 계속했다. 결국 하치는 입양되어 살던 집에서도 가출해 시부야역으로 아예 거처를 옮겨 오지 않는 옛 주인을 계속 기다렸다. 그동안 하치는 들개 포획자들과 역 노점상들로부터 학대와 핍박을 받고 쫓겨 다니는 떠돌이 개 신세가 되었다.

그러던 중 1932년 〈아사히신문〉이 하치의 이야기를 기사로 싣자 하치는 전국적으로 유명해졌다. 사람들은 존경의 의미를 담아 '공(公)'을 붙여 '하치코'로 부르기 시작했다. 하치는 이후에도 밤낮으로 주인을 기다리며 시부야역을 지키다 1935년 3월 심장사상충에 감염돼 13세 나이로 세상을 떠났다. 하치의 유골은 우에다 교수의 무덤에 뿌려졌고 가죽은 박제해서 일본 국립과학박물관에 보관되었다. 그리고 시부야역에는 하치의 동상이 세워졌다. 사람들의 심금을 울린 하치의 이야기는 2008년, 2009년에 일본과 미국에서 영화로 만들어져 전 세계 사람들의 마음을 감동시켰다.

치료견 치로리의 감동 실화

치로리는 1992년 초여름, 일본 치바현에서 5마리의 새끼와 함께 쓰레기장에 버려진 채 발견되었다. 인간에게 학대받아 뒷다리를 절었으며 왼쪽 귀도 구부러져 있었다. 치로리는 동네 아이들과 오키 토오루라는 사람에게 구조되었다(이 사람은 나중에 《치료견 치로리》(김원균 옮김, 책공장더불어, 2012)라는 책을 출간했다). 구조된 치로리는 동물보호센터로 보내져 안락사 위기에도 처했으나 토오루 씨가 구출해 본격적인 치료견 훈련을 받았다.

이후 치로리는 일본과 미국을 오가며 13년 동안 치료견으로서 역할을 톡톡히 해냈다. 말을 잃은 환자에게 말을 찾아주고 전신마비 환자를 움직이게 하는 등 수많은 환자에게 기적을 선물하는 치료견으로 사랑을 실천하는 삶을 살았다.

짝귀에 짧은 다리, 인간에게 학대당해 장애가 있었던 치로리의 삶은 매우 훌륭했다. 삶의 희망을 잃어버렸던 많은 사람들에게 다시 살고 싶은 의지를 되찾아주며 치료견으로 맹활약하다 암으로 세상을 떠날 때까지 치로리가 인간에게 준 선물은 위대했다. 이후 치로리의 삶과 기적은 책은 물론 다큐멘터리와 영화로도 제작되었다. 사람들에게 학대받고 버려졌던 개가 사람들의 닫힌 마음의 문을 열어주고 사랑과 희망을 전한 이야기는 일본인들에게 큰 감동을 주었다. 아직도 많은 일본 사람들에게 치로리는 사랑과 희망을 전하는 메신저로 기억되고 있다.

14년간 보호자의 무덤을 찾은 양치기 개 보비

1858년 영국인 존 그레이 목사는 그의 양치기 개인 보비(스카이 테리어)를 데리고 스코틀랜드 에든버러로 여행을 떠났다. 그런데 존이 여행하던 중 병이 생겨 여행지인 에든버러에서 객사하고 말았다. 존의 시신은 반려견 보비가 지켜보는 가운데 에든버러 남쪽의 그레이프라이어스 교회 묘지(Greyfrias Kirkyard)에 묻혔다.

그날부터 보비는 죽을 때까지 하루도 빠짐없이 매일 밤 존의 무덤을 지키다 돌아가는 생활을 계속했다. 보비의 감동적인 실화는 스코틀랜드 전역은 물론 해외까지 알려졌고 에든버러 시민들은 보비가 주인 없는 개로 오인되지 않도록 보비에게 목걸이를 걸어주며 사람들이 보비를 해치지 않도록 지켜주었다. 이후 보비는 개로서는 유일하게 에든버러 명예 시민권을 부여받았고 죽은 후에는 본인의 소망대로 보호자인 존의 옆에 묻혔다. 또 에든버러에서는 보비의 충성심을 높이 사서 그의 묘비와 동상을 세워주었고 지금까지 충견 보비를 추모하고 있다.

의견이 된 오수(獒樹)의 개

고려 시대에 김개인이라는 선비가 총명한 개를 기르고 있었다. 어느 날 김개인은 동네 잔치에 다녀오는 길에 술에 몹시 취해 잔디밭에 누워 깜빡 잠이 들었다. 그런데 갑자기 들불이 일어나 김개인이 누워 있던 곳까지 불이 번졌다. 사태가 이렇게 되는 줄도 모르고 잠에 곯아떨어진 주인이 깨지 않자 김개인의 개는 냇가에 가서 자기 몸에 물을 묻혀 잠자는 주인의 몸을 적셔주고 주인이 누워 있는 풀에도 물기를 떨구어 불이 번지지 않도록 했다.

그 덕분에 김개인은 화를 면하게 되었지만 탈진한 개는 그만 쓰러져 세상을 떠나고 말았다. 잠에서 깨어나 이 사실을 알게 된 김개인은 매우 슬퍼하며 자신을 대신해 죽어간 반려견을 위한 노래를 짓고 무덤을 만들어 장례를 치러주고 이 장소를 잊지 않기 위해 개의 무덤 앞에 지팡이를 꽂아두었다. 얼마 후 지팡이에 싹이 돋아 하늘을 찌르는 큰 느티나무가 되었는데 이때부터 동네 사람들은 이 나무를 '개 오(獒)'와 '나무 수(樹)'를 합해 오수라고 부르기 시작했고 동네 이름도 오수로 불리게 되었다.

동네 사람들이 주인을 살린 개의 충성심을 기리기 위해 의견비를 세웠으나 글씨가 마멸되어 알아볼 수 없게 되었다. 1955년 임실군은 원동산 공원을 만들고 정식으로 오수의 개에 대한 비각과 일주문까지 다시 세워주었다. 이 마을에서는 매년 이 개의 충정을 기리는 '오수 의견문화제'를 개최하고 있다.

백구마을의 충견 충일이

백구로 유명한 진도군에는 사람들의 마음을 울린 또 한 마리의 진돗개가 있다. 바로 충견 충일이다. 40대 초반의 박원수 씨는 이혼한 뒤 적적함을 달래기 위해 진돗개를 입양해서 자식처럼 키우며 지냈다. 그런데 지병인 간경화가 악화되어 병원에서는 더 이상 치료가 어렵다는 얘기를 듣고 집에 돌아와 죽음을 맞이해야만 했다.

그의 사망 후 병원 측에서 박 씨의 시신을 수습하기 위해 집에 도착했는데, 박 씨의 방문 앞에는 그의 반려견인 백구가 지키고 있었다. 백구는 사람들이 자신의 보호자에게 접근하는 것을 완강하게 막았다. 결국 사람들은 창문을 통해 가까스로 박 씨의 시신을 옮겼고 주인이 운구차에 실려 가는 중에도 백구는 보호자를 끝까지 쫓아가다가 결국 혼자 집으로 되돌아왔다.

그 후 백구는 박 씨가 누워 있던 침대에서 10일이 넘도록 곡기를 끊고 꼼짝하지 않다 끝내 영양제 주사를 맞는 지경까지 이르렀다. 또 마을 주민들이 관습에 따라 박 씨의 유품을 거두어 불태우려 하자 백구는 주인의 유품에도 손을 대지 못하도록 저지해 보는 사람들을 안타깝게 했다. 이 사건이 알려진 후 백구는 진돗개 연구소로 옮겨져 충일이란 이름을 얻고 새로운 생활을 하게 되었다. 그러나 갑자기 주인을 잃은 충격 때문인지 새로운 보호자와도 형식적인 관계만 유지할 뿐 첫 보호자와의 옛정을 잊지 못하고 있다.

우리 삶의 전부가 되어준 반려견들

이러한 감동 스토리는 우리 인간에게 진정한 사랑이 무엇이고 처음 인연을 맺은 보호자와 죽을 때까지 함께하려는 개들의 충성심을 잘 보여준다. 학자들은 그 옛날 사람들이 산속에 살던 야생 늑대를 데려다 가축으로 개량해 사람을 돕고 살아가는 방법을 가르쳐 오늘날의 반려견이 되었다고 한다. 그러나 일부 사람들이 주장하는 것처럼 어쩌면 개들은 우리 인간을 돕기 위해 그들이 먼저 인간 세상에 들어와 사람들과 같이 살게 되었는지도 모른다.

세상의 모든 동물 중에 인간과 교감을 가장 깊이 나누며 친구가 되고 인간에게 받은 사랑보다 훨씬 더 큰 사랑으로 갚을 줄 아는 개들의 삶! 6마리의 친구들이 보여준 감동 스토리는 왜 우리의 삶에 반려견을 받아들이고 그들과 같이 교감하면서 살아가야 하는지를 보여준다.

인간과
동물의 공존

생태계에서 생물의 다양성이 주는 의미

최근 지구는 인간들에 의해 급속히 파괴되어 생태계의 균형이 무너지는 심각한 상황에 이르렀다. '2020년 세계 자연기금 보고서'에 따르면 현재 전 세계 야생동물 개체군의 70% 정도가 감소하고 있으며 특히 야생에 사는 포유류 동물 수는 전체 포유류 중 4% 정도만 존재할 정도로 개체수가 급격히 줄어들고 있다. 우리가 살아가는 생태계의 생산력을 결정하는 주요 요인은 생태계의 건강도와 생물의 다양성이다. 최근 과학자들은 생물의 수가 급격히 줄어드는 것을 보고 공룡이 소멸했던 시대 즉, 지구의 다섯 번째 멸종 이후 현재 여섯 번째 멸종이 진행되고 있다는 경고를 내놓고 있다.

생태계를 이루는 동식물들의 삶은 유기적으로 연결되어 있다. 생태계의 먹이사슬은 생태계의 균형을 이루고 유지하는 역할을 한다. 박쥐들이 다 없어지면 박쥐들의 주 먹이인 모기나 깔따구들이 번성해 우리의 건강과 농업에도 엄청난 피해를 주고 결국 이것을 없애는 데 쓰는 해충제가 토양을 오염시켜 인간에게 악영향을 준다. 또 벌들이 꽃가루를 이동시켜 나무와 채소가 자라고 과일들이 열매를 맺는데 현재 수준으로 벌들이 계속 감소된다면 머지않아 우리 생태계에는 과일과 채소와 풀들이 얼마나 살아남게 될지 장담할 수 없다. 이처럼 인간은 자연의 일부이며 동시에 지구 안의 생명은 모두 유기적으로 연결되어 있다.

결국 우리 생태계는 수많은 생물이 자신의 역할을 하면서 공존해야 건강하게 유지될 수 있다. 46억 년의 나이를 가진 지구상의 모든 생물 중에 인간들은 가장 늦은 약 400만 년 전부터 지구에 살기 시작했다. 그런 인간들이 오랫동안 먼저 터를 잡고 살아온 다른 동물들의 삶의 터전을 없애고 심지어 그들을 포획해서 거래하는 폭력을 저지르는 것이 오늘날 생태계에 생물의 다양성이 감소하는 큰 원인으로 지적된다.

인간들은 과연 다른 동물들보다 더 똑똑한가? 인간이 생각하고 언어를 사용할 수 있다 하더라도 다른 동물들도 각자 뛰어난 능력이 있기 때문에 인간이 다른 동물보다 더 우월하다고 단정 지을 수는 없다. 이를테면 북극곰은 영하 40도 추위에서 견딜 수 있고 치타는 시속 100km로 달릴 수 있다. 새는 공중을 날 수 있고 개는 사람보다 수천에서 수만 배 이상 후각이 발달해 재난 시 인명구조 탐지견 역할을 수행한다. 그러나 사람들이 생태계의 모든 질서를 인간 중심으로 바꾸면서 다른 동물들의 생태계를 파괴해왔으며 무분별한 자원개발로 동식물의 서식지를 없애고 여러 생물들을 무참히 짓밟아왔다.

동물권, 동물복지의 시대가 열렸다

1975년 《동물 해방》(김성한 옮김, 연암서가, 2012)을 쓴 생명윤리학자 피터 싱어(Peter Singer)는 "동물도 지각, 감각 능력을 지니고 있어 보호받기 위한 도덕적인 권리를 가진다"라고 주장했다. 싱어의 주장을 시작으로 동물권에 대한 개념이 본격적으로 논의되기 시작했다. 그러나 이 사상은 인권과 상충하는 부분으로 이를 반대하는 사상가들과 논쟁을 벌여왔다.

한편 그보다 앞서 영국 공리주의 철학자 제러미 벤담(Jeremy Bentham)은 동물들도 인간처럼 통증과 고통을 느낀다는 사실을 미루어 동물들도 존중받아 마땅한 존재라고 주장했는데 이것이 오늘날 전통적인 동물복지(권)의 뿌리가 되었다. 훗날 세계동물보건기구(OIE)도 이 논리를 발전시켜 '동물의 5대 자유'를 만들었고 이것이 오늘날 동물복지(권)의 기본 원칙으로 발전했다. 사실상 동물복지는 동물권의 하위 개념에 해당하지만, 현재는 동물권보다 현실적인 지지를 받고 있으며 여러 동물단체에서는 동물들의 열악한 삶을 개선하기 위해 동물복지를 실질적인 목표로 내세우며 활동 중이다.

공리주의 철학자 벤담의 생각은 오늘날의 동물복지에 큰 영향을 주었으며 현대적 의미의 동물복지 개념은 무분별한 공장식 축산에 대한 반발에서 생겨났다고 할 수 있다. 1822년 영국은 세계에서 처음으로 동물복지에 관한 법을 제정하고 동물복지의 구체적 사항을 실천하는 노력이 진행됐다. 한국에서도 1991년 「동물보호법」이 만들어졌다.

2012년에는 우리의 「동물보호법」에도 실질적인 변화가 시작되었다. 산란계(2012)와 돼지농장(2013)을 기점으로 현재는 육계, 젖소, 한우, 염소와 오리 농장에까지 농장 동물의 사육, 운송, 도축 및 유통(복지축산물 표시)의 전 과정을 체계적으로 관리하는 축산농장 인증제가 도입되었다. 2017년에는 성남 모란시장의 개고기 유통상가가 철거되는 등 한국 동물복지사에 기록될 상징적인 변화가 생겨난다. 그러나 가입 농장 수는 아직 많지 않으며 공장식 축산 문제 해결은 갈 길이 멀어 보인다.

비윤리적 공장식 축산이 가져온 침묵의 팬데믹

오늘날 행해지는 공장식 축산 시스템의 문제는 것은 한두 가지가 아니다. 식용인 대부분의 닭, 오리, 소, 돼지 등은 공장식 축산농장에서 사육되고 도축된다. 닭들은 자연 상태에서는 1년에 200개 정도의 알을 낳지만 A4 용지 크기의 열악한 철장(배터리 케이지)에 가두어놓은 상태에서는 1년에 300개까지 알을 낳는다. 암컷 돼지는 스톨(Stall)이라는 좁은 사육 공간에서 임신과 출산을 반복하고 심지어 새끼가 젖을 뗀 일주일 후부터 다시 임신을 해야 한다.

젖소도 상황은 심각하다. 출산 후 24시간이 지나면 송아지는 어미에게서 분리된다. 어미소는 우유 생산에 다시 투입되고 대부분의 육우도 도축 과정에서 공포와 고통을 그대로 느끼면서 사람들의 밥상에 오르는 유통 시스템이 우리의 축산 현실이다.

이런 공장식 축산은 동물이 스트레스로 면역력이 저하된 데다 좁은 공간에 밀집되어 감염병을 유발하기 때문에 필연적으로 항생제 남용 문제로 이어진다. 한국의 1인당 항생제 사용량은 OECD 국가 중 3위이고 인구 대비 항생제 매출은 2위다. 축산 분야에서 사용하는 항생제 남용이 아직 생태계에 미치는 영향은 명확하지 않지만 항생제 내성균은 '침묵의 팬데믹(The Silent Pendemic)'이라고 불리며 세계보건기구(WHO) 등 국제기구에서는 이미 뜨거운 이슈가 되고 있다.

슬픈 동물원과 내몰리는 동물들

그러나 동물복지에서 주의 깊게 보아야 할 문제들이 축산식 농장 동물뿐인가? 그동안 우리를 즐겁게 해주었던 동물원 내 전시동물들의 비참한 삶을 알고 나면 더 이상 웃는 얼굴로 동물원을 방문하지는 못할 것이다. 야생에서는 하루에 수십, 수백 킬로미터를 이동하며 왕성하게 먹이활동을 하던 동물들은 하루종일 동물원의 우리에 갇혀 낮잠만 자거나 관람객들로부터 받는 스트레스 때문에 정형화된 이상행동을 보인다. 일부 동물원에서는 돌고래나 코끼리, 오랑우탄 등에 조련사를 붙여 묘기를 가르쳐 돈벌이에 나서기도 한다. 훈련 과정에서 가혹 행위를 견디다 못한 동물들이 조련사를 해치거나 집단으로 탈출하는 사건까지 일어나는 상황이다.

이 밖에 인간의 건강과 아름다움을 위한 의약품이나 화장품 실험용으로 조용히 희생되는 실험실의 동물들의 삶은 아예 드러나지도 않는다. 인간이 파괴한 서식지를 떠나 새로운 곳으로 이동하다 길에서 로드킬을 당하는 동물들은 이루 헤아릴 수도 없다. 인간들의 욕심으로 본래의 서식 환경이 파괴되어 생태계 균형이 무너지자 동물들은 살기 위해 새로운 곳을 찾아 이동하다 결국 죽음에 내몰리게 되는 것이다.

동물복지를 위한 노력

영국을 선두로 대부분의 유럽에서는 공장식 축산 시스템의 문제로 지적되어 온 돼지와 닭의 스톨과 배터리 케이지 그리고 공장식 축산 방식에 의한 축산물 유통을 금지했다. 유럽연합 회원국들은 현재 외국에서 수입되는 축산물들에도 이런 원칙들을 확대해 나가는 추세다. 우리도 2012년「동물보호법」의 의미 있는 개정 이후 동물단체를 중심으로 농장 동물의 열악한 현실을 외면해온 공장식 축산 시스템에 지속적으로 문제를 제기해 일정 부분 결실을 거두고 있다. 결국 2012년부터 순차적으로 산란계 농장과 육계 그리고 육우, 젖소와 염소 농장에서 길러지는 축산물 사육, 운송, 도축, 유통의 전 과정에 동물복지인증 제도를 도입 중이다.

그러나 동물복지인증 제도는 아직 전체 농장들에 적용되지 못하고 소수 업체만 가입한 실정이며 일부 업체들은 이런 제도를 마케팅 수단으로 활용하고 있다. 공장식 축산 문제를 해결하는 것이 현재 우리 축산업계 내 동물복지의 최대 과제임은 틀림없다.

먼저 비인도적으로 생산되는 농장 동물의 사육 방식을 전면적으로 바꾸어야 한다. 이것은 우리의 인식 수준을 바꾸지 않는 한 매우 어렵고 긴 시간이 필요하다. 오늘날 사람이 먹을 가축을 기르기 위해 인간이 먹는 양보다 더 많은 물이 사용되고 전 세계 곡물 생산량의 1/3은 가축용으로 소비된다. 또 그린피스의 주장에 따르면 전 세계 온실가스의 18~20%가 동물들의 방귀 등 축산업 가스에서 생긴다고 한다.

사람들이 소비하는 고기 및 육가공 제품들은 대부분 열악한 공장식 축산 시스템에서 생산되며 이런 시스템에서는 필연적으로 단가를 낮추기 위해 축산물의 사육 및 운송, 도축, 유통 등 전 과정이 열악하고 비인도적이며 결과적으로 동물들의 복지 및 권리는 전혀 고려되지 못하고 있다. 지구상에 존재하는 모든 동물은 최소한의 권리인 굶주림, 갈증, 불편함, 부상이나 질병, 공포와 걱정으로부터 자유로워야 하며 정상적인 활동을 할 수 있어야 한다. 이를 위해서는 우리가 먼저 손을 내밀어 인간과 동물의 경계를 허물고 약자들인 동물이 울부짖는 소리를 듣고 동물(動物)의 본래 의미인 움직이는 물체로서 자유롭게 살아갈 수 있는 환경을 만들어주어야 한다.

농장 동물의 사육 및 축산품에 대해 철저하게 동물복지인증 제도를 시행하는 것과 동물원 내 전시동물들에 대한 행동 풍부화 프로그램을 도입하고 동물 공연을 중단하는 일은 당장 시행해야 할 일이다.

그리고 농장 동물의 도축, 동물실험으로 인한 고통을 줄여주는 3R 시스템(Replacement, Refinement, Reduction) 도입 및 동물들이 안전하게 이동할 수 있는 생태 통로 마련과 동물 실험으로 만들어지는 제품에 대한 소비를 줄이는 일도 꾸준히 관심을 갖고 실천해야 한다. 또한 동물원의 역할은 아픈 동물들을 일정 기간 보호한 후에 야생에서 살아갈 경쟁력을 길러 숲으로 되돌려 보내는 야생동물 보호소로 과감히 탈바꿈해야 한다.

인간과 동물이 공존하는 길

인간이 오랫동안 다른 동물들의 터전을 파괴하고 인간 중심 사회를 만들어 폭력을 행사해오면서 우리 생태계는 병들어가고 있으며 결국 그 피해는 고스란히 부메랑이 되어 인간에게 돌아왔다. 온실가스, 플라스틱 과다 사용과 산림의 무분별한 개발로 지구는점점 온난화되고 있다. 생태계에 사는 생물들은 급격히 숫자가 줄어들고 있으며 동물들을 포획해서 거래하거나 체험 동물원의 운영 등으로 신종 인수 공통 전염병이 유행해 팬데믹 공포를 초래한다.

2000년 초 세계동물보건기구는 인간과 동물, 환경의 건강이 서로 유기적으로 연결되어 있고 결국 동물이 건강하게 동물다운 삶을 누릴 때 인간과 우리 사회도 건강해진다는 '원헬스(One Health)' 개념을 발표했다. 유사 이래 인간들이 소(홍역), 돼지(신종플루), 닭 (조류독감) 등 동물들을 가축화하는 과정에서 감염병들이 발생해왔다. 2000년 이후에는 사스, 조류인플루엔자, 신종플루, 메르스, 에볼라 등 동물의 바이러스가 숙주인 사람을 거쳐 계속해서 새로운 형태의 신종 감염병들로 확산되고 있다.

빌 게이츠는 오늘날 번지고 있는 팬데믹은 과거에 인류가 경험했던 전쟁의 새로운 이름이라고 말한다. 과학자들은 야생동물에게는 약 150만 개의 바이러스가 있다고 추정하며 밝혀진 것은 아직 1%도 안된다고 한다. 이 중에 하나만 사람들에게 감염되어도 새로운 전염병이 퍼질 수 있다.

오늘날 신종 인수 감염병은 왜 끊임없이 유행하는 것일까? 여러 이유가 있겠지만 그중에서도 사람들이 야생동물을 무단으로 포획해서 밀반입하고 시장에서 거래하는 것, 소비를 부추기는 오늘날의 공장식 축산 시스템, 야생동물들의 서식지 파괴 등으로 동물들이 인간이 사는 지역으로 이동하면서 가축들이 바이러스에 전염되는 것이 가장 큰 원인이다. 특히 공장식 축산업이 우리에게 가져다주는 폐해는 실로 엄청나다. 이제부터라도 육류 중심의 소비문화에서 벗어나 대체육이나 배양육으로 바꾸거나 채식문화를 받아들이고 동물복지 인증 마크가 있는 상품을 소비해서 축산 시스템을 근본적으로 바꾸어야 한다.

결국은 인간 중심의 문화에서 벗어나 지구에 살고 있는 모든 생물이 같이 협력해서 살아갈 수 있는 생태계의 새로운 시스템을 만들어야 한다. 우리 삶에 들어온 반려동물이 인간의 삶을 바꾸듯이 이제는 인간이 자연과 우리가 사는 생태계를 더 건강하게 바꾸어야 할 차례다. 다른 생물들의 터전을 파괴해서 사람들만 더 편히 살겠다고 하는 생태계의 무분별한 개발을 중단하고 다른 생물들과 조화롭게 살기 위해 생태계를 복원하는 노력이 절실히 요구되는 시점이다.

가슴 뛰는 일을
찾았다는 것은

대학 졸업 후 20년간의 직장 생활과 17년간의 사업 기간을 합해 37년간 쉬지 않고 일해왔다. 전 세계를 다니며 많은 것들을 보고 여러 사람들과 교류했으며, 운 좋게도 기획, 무역, 스포츠/패션 마케팅, 온라인 마케팅 등 다양한 분야를 경험해보았다. 그러나 돌이켜보면 이 모든 것들이 나에게 진정으로 즐거움을 주지는 않았다. 직업의 일환으로 대기업에 들어가 배치된 부서에서 관성적으로 일해왔고 퇴직 후에는 지금까지 해왔던 일로 사업을 꾸려왔을 뿐이다.

그러던 중 꼬마 푸들 근돌이를 만나서 내가 좋아하는 것이 무엇이고 강아지와 같이 있는 것이 내 가슴을 뛰게 하는 일이란 것을 비로소 깨닫게 되었다. 늦었지만 내가 하고 싶은 일을 찾았다는 기쁨에 가슴이 뿌듯했고, 지금부터는 좋아하는 일을 하면서 살아야겠다는 생각이 마음속 깊이 자리 잡았다.

해마다 5월이면 겨우내 움츠렸던 마음이 열리며 이런저런 것들을 하고 싶어 마음이 설렌다. 특히 올해는 코로나19 거리두기가 완화되면서 그동안 하지 못했던 일들을 꼭 해보고 싶어 마음이 들뜬다. 기온이 더 오르기 전 팔당과 충주호를 거쳐 섬진강까지 이어지는 자전거 투어가 나를 유혹하며, 평소 가보고 싶었던 산이나 둘레길에서 온몸을 흥건히 적시는 등산이나 트레킹도 아주 매력적이다. 일주일에 한 번 정도는 못 만났던 친구나 지인들과 맛집 순례와 와인 토크도 빼놓을 수 없는 즐거움이다.

그러나 이런저런 5월의 즐거움을 뒤로한 채 퇴근 후와 주말에도 어김없이 근돌이와의 시간을 우선으로 일정을 잡는다. 5월의 아름다운 구속! 근돌이 때문에 받는 5월의 구속이란 표현이 좀 더 정확하다. 그런데 이것은 내가 스스로 원해서 하는 구속이다. 자칫 이것이 나를 옭아매는 속박이 되어 자유로움이 억압된다면 절대 오래가지 않을 것이다. 근돌이와 적당히 주고받는 타협을 하고 싶지는 않고 기분 좋은 구속이 되길 원한다. 그래서 5월은 진정 내가 원하는 것들을 조화롭게 하면서 근돌이와의 시간도 잘 보내는 지혜가 필요한 달이다. "하나를 버리면 다른 하나를 얻을 수 있고, 하나를 얻으면 또 다른 하나를 잃게 된다"라는 내 삶의 기본 원칙이 적용되는 '조화로운 5월의 구속'이 되었으면 한다.

만일 당신이 지금 삶에서 힘든 일을 경험하는 중이라면 반려견과 눈을 맞춰보길 바란다! 맑은 영혼을 가진 아이들과 눈으로 교감하는 일은 우리에겐 한없는 위로가 되며, 힘든 세상에서 다시 일어설 수 있는 새로운 에너지를 받게 된다. 아이의 등을 어루만지며 말없이 내 곁에 머물게 하는 것만으로도 우리의 영혼은 더욱 충만하며 사랑의 호르몬이 분비되고 그들의 눈을 통해 소우주를 볼 수 있다.

사실상 이 아이들의 유일한 잘못은 우리보다 먼저 세상을 떠난다는 것이다. 강아지들의 시계는 인간의 시계보다 6배 빨라 눈 깜짝할 사이에 보호자보다 먼저 세상을 떠난다. 결국 우리는 이들과의 짧은 동행에서 현재 이 시간의 소중함을 다시금 깨닫게 된다.

개는 듣는 방법을 아는 사람에게만 말을 한다는 말이 있다. 지난 10년간 눈빛과 행동으로 이 아이와 교감하면서 신비로운 일들을 경험했고, 인생에서 미처 알지 못했던 중요한 것들을 배우게 되었다. 이제부터는 좀 더 마음을 열어 근돌이가 하고 싶은 얘기들을 두 번째 책에 더 자세히 담고 싶다. 또 이 책에서 다하지 못한 이야기들은 개인 SNS 계정 '반려견 교감연구소, To개ther'를 통해 독자들과 계속 소통할 것이다.

끝으로 이 책의 집필을 위해 여러 가지 도움과 격려를 해주신 라온북의 조영석 소장님과 팀원들에게 감사드리며, 최근 사업과 인간관계에서 어려움을 극복하며 이 책을 쓰도록 에너지를 준 사랑하는 막내 근돌이에게 고마운 마음을 전하고 싶다.

2022년 6월
반려견 교감연구소, To개ther
소장 유준호

작지만 커다란
매일의 깨달음

닭장 일기

최명순 필립네리 지음 | 15,000원

**일흔다섯 살 수녀가 들려주는
닭과 자연, 인생과 영성 이야기**

이 책은 '진동 요셉의 집'에서 수녀들이 살아가는 유쾌한 삶의 이야기를 담아냈다. 이곳 수녀들은 병든 지구를 되살리고 다 같이 행복하게 살아가기 위해서 최대한 자연의 방법을 활용해 농사를 짓고 닭을 키운다. 저자는 처음에는 알을 품고 있는 닭을 들여다보는 것조차 난감해했지만, 조금씩 닭과 친해지고, 나중에는 명실공히 '닭들의 엄마'로 거듭나게 된다. 저자는 특유의 솔직하고 재치 있는 입담으로, 작은 닭장 세계에서 벌어지는 일들을 재미나게 들려준다. 그 이야기 속에서 인생을 이야기하며 독자로 하여금 깊이 생각할거리를 던져주기도 한다.

행복을 '보는 눈'을
갖기 위한 심리학

오늘 밤은 맘 편히 자고 싶어

이원선 지음 | 14,500원

**'이것만 하면 행복해질 텐데'라는
거짓말에서 벗어나는 법!**

우리는 언제 행복을 느끼게 될까? 가고 싶은 대학교와 직장에 들어갔을 때? 사랑하는 사람과 결혼을 꿈꿀 때? 통장에 0이 가득 붙어 있을 때? 뭔가를 이루면 정말 행복할 것 같아 아등바등하며 살아가지만 그것을 이루고 나면 한순간 사라지는 행복이다. 지금 인생에서 최악의 상황과 아픔, 충격들을 겪고 있는가? 그런 당신을 축복한다. 분명 그것은 행복의 시작점이 될 수 있다. 이 책이 당신의 마음속에 숨겨지던 진정한 행복을 찾아줄 것이다. "그렇게 오늘 밤만이라도 당신이 조금은 편안히 잠들기를……."

행복한 사람은 이렇게 삽니다

김나미 지음 | 14,000원

**감정의 소용돌이에서 벗어나
단단한 사람이 되는 긍정의 기술**

긍정적인 생각을
가져오는
멘탈 피트니스

마음이 아픈 사람들이 점점 많아지고 있다. 마치 흐린 날 하늘처럼 삶의 모든 영역이 회색빛으로 보인다. 이들에게는 삶의 무채색을 걷어주는 '특수한 마음 안경'이 필요하다. 이 안경을 쓰게 되면 칙칙한 인생이 형형색색의 아름다운 빛깔로 보이게 된다. 이 책은 삶에 긍정적인 요인을 채우는 마음 안경인 '플러스 라이프'로 살아가는 훈련법'을 소개한다. '긍정적인 나', '존중하는 너', '함께하는 우리'가 되기 위한 훈련은 확대된 세상과 연결되어 의미 있는 삶을 살아가도록 한다. 또한 활동지를 함께 수록해 실제 삶에 적용해볼 수 있도록 돕는다.

일시정지는 처음이라

정보람 지음 | 13,800원

**몸과 마음의 활력을 잃은 이들에게 전하는
셀프 힐링을 위한 지침서!**

온전히 나에게
집중하고
마주하는 법

코로나19로 일상의 흐름이 흐트러진 지 오래다. 하루하루가 불확실성으로 채색된 일상에서 개인들은 저마다 사회적인 거리두기와 경제적인 고충으로 고난의 긴 터널을 지나가고 있다. 우울함과 불안감이 높아지는 지금 삶의 에너지를 회복하고 마음의 안정을 취할 수 있는 방법은 없을까? 이 책은 각자가 타고난 마음의 속도를 찾아 현재의 상황을 있는 그대로 받아들이고 자기 속도대로 재충전하는 방법을 알려준다. 무엇보다 일시정지된 시간을 불안함으로 채우기보다 재충전과 자신을 돌아보는 시간으로 채우는 데 집중한다.